AKADEMIE DER WISSENSCHAFTEN DER DDR

ATLAS
DER VERBREITUNG
PALAEARKTISCHER VÖGEL

4. LIEFERUNG

Herausgegeben von

ERWIN STRESEMANN †, Berlin, L. A. PORTENKO †, Leningrad,
H. DATHE, Berlin, und G. MAUERSBERGER, Berlin

Bearbeitet von

G. MAUERSBERGER, L. A. PORTENKO, J. STÜBS, E. v. VIETINGHOFF-SCHEEL

Mit 10 zweifarbigen Verbreitungskarten

AKADEMIE-VERLAG · BERLIN
1974

Aus der Forschungsstelle für Wirbeltierforschung
der Akademie der Wissenschaften der DDR
(im Tierpark Berlin)

Zitiervorschlag:

PORTENKO u. v. VIETINGHOFF-SCHEEL 1974
in: STRESEMANN et alii „Atlas der Verbreitung palaearktischer Vögel". 4. Lfg.

Erschienen im Akademie-Verlag, 108 Berlin, Leipziger Straße 3–4

Lizenznummer: 202 · 100/502/74
P 90/73
Gesamtherstellung: VEB Druckerei „Thomas Müntzer", 582 Bad Langensalza
Bestellnummer: 761 606 4 (3034/4) · LSV 1375
Printed in GDR
EVP 30,–

INHALT DER 4. LIEFERUNG

VORBEMERKUNG

Im Rahmen der Akademie-Reform wurden die Zoologische Forschungsstelle der Akademie der Wissenschaften der DDR im Berliner Tierpark und die Abteilung Zoo- und Wildtiererkrankungen, vom ehemaligen Institut für Vergleichende Pathologie nach dessen Umstrukturierung übrig geblieben, zur Forschungsstelle für Wirbeltierforschung der Akademie der Wissenschaften der DDR (im Tierpark Berlin) unter der Leitung des Unterzeichneten vereinigt. Gleichzeitig trete ich als für den „Atlas der Verbreitung palaearktischer Vögel" Verantwortlicher in die Herausgeberschaft ein.

Berlin, im September 1973

Heinrich Dathe

VORWORT ZUR 4. LIEFERUNG

Vor dem Abschluß dieser Lieferung erreichte uns die schlimme Nachricht, daß Prof. Dr. LEONID ALEXANDROWITSCH PORTENKO am 26. Mai 1972 im 76. Lebensjahr einem Nierenleiden erlegen ist. Mit ihm ist einer der besten Kenner palaearktischer Vögel dahingegangen. Sein Anteil an diesem Werk erweist allenthalben seine in der reichen Leningrader Sammlung wie auch auf langen Reisen erworbene vertraute Kenntnis der Formen und ebenso seinen Überblick über die so verzweigte Literatur. Er hat uns noch eine stattliche Reihe von Teilbearbeitungen hinterlassen; so wird sein Name auch in den folgenden Lieferungen zu finden sein.

Im April 1971 schied Herr Dr. JÜRGEN STÜBS aus seiner Stellung. Von den Arten, die er bearbeitet hatte, finden sich die meisten in den nächsten Lieferungen. Als neuer Mitarbeiter konnte Herr KLAUS WUNDERLICH gewonnen werden; er nahm seine Tätigkeit im Oktober 1971 auf.

Die Arbeit am Atlas wird nach wie vor in den Räumen und mit den literarischen Hilfsmitteln des Berliner Zoologischen Museums (im Museum für Naturkunde der Humboldt-Universität zu Berlin) vorgenommen. Dabei durften wir uns wiederum der freundlichen Beihilfe vieler Kollegen erfreuen, denen für ihre Mühe unser aufrichtiger Dank gebührt. Kartenausschnitte haben überprüft Dr. S. D. MATVEJEV (Beograd) und Dr. H. WEIGOLD (weiland Bruckberg/Obb.). Mit brieflichen Mitteilungen waren uns behilflich Dr. T. N. GAGINA (Irkutsk), Dr. R. KRONEISL-RUCNER (Zagreb), I. A. NEJFELDT (Leningrad), Dr. SÁLIM A. ALI (Bombay), Dr. F. BALÁT (Brno), Dr. K. BAUER (Wien), Dr. W. BAUMGART (Berlin), Prof. Dr. F. BERNIS (Madrid), Dr. J. CASTROVIEJO (Madrid), Dr. G. DIESSELHORST (München), W. FISCHER (Berlin), D. GOODWIN (Tring), H. HOLGERSEN (Stavanger), Dr. E. KATTINGER (Schottenstein), Dr. A. KEVE (Budapest), Dr. H. KUMERLOEVE (München), Dr. S. D. MATVEJEV (Beograd), Prof. Dr. H. MENDELSSOHN (Tel Aviv), Prof. Dr. G. NIETHAMMER (Bonn), ST. KOHL (Reghin), Dr. A. PAPADOPOL (Bukarest), W. J. PAROWSCHTSCHIKOW (weiland Archangelsk), A. G. PARSONS (Redruth/Cornwall), Dr. R. PIECHOCKI (Halle), Dr. CH. VAURIE (New York), Dr. G. E. WATSON (Washington), Dr. H. WEIGOLD (weiland Bruckberg/Obb.), Dr. Y. YAMASHINA (Tokyo).

An dieser Stelle mag erklärt werden, warum (auch schon in früheren Lieferungen) öfter der Vermerk „PORTENKO brfl.“ zu finden ist, obwohl Herr Prof. Dr. L. A. PORTENKO als Bearbeiter der Karte genannt ist. Das hängt damit zusammen, daß die Endredaktion der Karten wie der Listen in Berlin besorgt wird. Die mit jenem Vermerk versehenen Angaben, für die keine literarische Quelle zitiert werden kann, bedürfen einer Dokumentation; sie liegt in den hier verwahrten Unterlagen vor.

Technische Gründe nötigen dazu, die Druckvorlagen für die Karten zu sehr verschiedenen Terminen zeichnen zu lassen. Ein für alle Karten verbindlicher Termin des Redaktionsschlusses kann darum nicht angegeben werden. Das bedeutet gleichzeitig, daß manche Karten zum Zeitpunkt des Erscheinens schon längere Zeit liegen. Wir sind darum mit dem Verlag übereingekommen, den Umfang der Lieferungen zu halbieren und die Erscheinungsfolge zu beschleunigen.

Bei der Abfassung der Arttexte habe ich wieder die gleiche freundliche Unterstützung erfahren wie schon bei der vorigen Lieferung; dafür bin ich besonders dankbar.

Die Texte sind zumeist umfangreicher als in den ersten Lieferungen. Es erschien mir ratsam, in den Kapiteln zur Oekologie einer größeren Ausführlichkeit den Vorzug zu geben, besonders für solche Arten, deren Beziehungen zum Lebensraum nicht knapp verallgemeinernd darstellbar sind, entweder weil sich ihre wesentlichen Züge unter der Vielfalt der bewohnten Habitate noch nicht sicher erkennen lassen oder weil diese Beziehungen, gerade bei weitverbreiteten und polytypischen Arten, anscheinend einer geographischen Variabilität unterliegen. Überdies sollte die Gelegenheit, die sich aus der Durchsicht so vieler Literaturstellen ergibt, nicht ungenutzt bleiben, zumal bei Arten, über die in den Handbüchern wenig zu finden ist. Für kaum eine der hier behandelten Arten liegt bisher eine umfassende Analyse des Zugverhaltens bereit; so sah ich mich veranlaßt, selbst in Fällen wie *Tichodroma muraria* und *Prunella modularis* einen ersten Überblick zu versuchen.

Über die Gesichtspunkte, die uns bei der Auswahl der Arten leiten, hat sich Herr Prof. STRESEMANN bereits im Vorwort zur ersten Lieferung geäußert. Wir haben mehrere solche Fälle von evolutionistischem Interesse vorgelegt und werden das in den künftigen Lieferungen in höherem Grade fortsetzen, auch in der Form, daß einige auf die Palaearktis beschränkte oder hier besonders stark vertretene Gattungen vollständig abgehandelt werden. Zunächst gilt das für die Genera *Emberiza, Hippolais, Sylvia, Oenanthe, Phoenicurus* und *Prunella*.

Mehrfach ist der Wunsch ausgesprochen worden, es möchte angekündigt werden, welche Arten in die nächsten Lieferungen aufgenommen werden; damit könnten noch unpublizierte Beobachtungen in die Karten Eingang finden. Diese Aussicht ist den Bearbeitern sehr willkommen; sie werden solche Auskünfte dankbar begrüßen. Für die nächste Zeit sind vorgesehen *Emberiza rutila, E. chrysophrys, Lullula arborea, Parus caeruleus, P. cyanus, P. flavipectus, Phylloscopus collybita, Sylvia nana, S. curruca, S. minula, S. althaea, Phoenicurus moussieri* und *Oenanthe xanthoprymna.* Die Arten weiterer Lieferungen werden voraussichtlich unter diesen ausgewählt: *Fringilla coelebs, F. teydea, Emberiza spodocephala, Parus maior, Regulus regulus, R. goodfellowi, Luscinia luscinia, L. megarhynchos, Phoenicurus ochruros, Ph. phoenicurus, Ph. erythrogaster, Ph. auroreus, Ph. erythronotus, Ph. caeruleocephalus, Ph. alaschanicus, Turdus ruficollis, T. atrogularis, T. naumanni, T. eunomus, T. torquatus, Jynx torquilla, Picus viridis* und *P. canus.* Technische Gründe oder erst im Laufe der Bearbeitung auftretende Gesichtspunkte können die Auswahl abändern.

Die mehrfach benutzte alte Bezeichnung „Semiretschje" (= Siebenstromland) ist (wie auch „Mesopotamien" = Zweistromland) auf kaum einer heutigen Karte zu finden. Das so benannte Gebiet trägt keinen neuen Namen und ist auch nicht mit einer oder mehreren jetzigen Verwaltungseinheiten identisch. Es umfaßt Teile der Kasachischen (südlich und östlich des Balchasch-Sees) und der Kirgisischen SSR (westlich etwa bis Talass und zum Ferganischen Gebirge). Eine zusammenfassende Bearbeitung hat das Gebiet 1949 durch SCHNITNIKOW (Pticy Semiretschja; Moskau und Leningrad) erfahren; dieses Buch muß immer wieder zitiert werden.

Für viele palaearktische Brutvögel sind bereits übersichtliche, wenn auch nicht dokumentierte (und damit weniger leicht nachprüfbare) Verbreitungskarten gegeben in dem von G. P. DEMENTJEW und N. A. GLADKOW herausgegebenen Werk „Pticy Sowjetskogo Sojuza" (1951—1954; Moskau) und in dem Buch von K. H. VOOUS „Die Vogelwelt Europas und ihre Verbreitung" (deutsch 1962; Hamburg und Berlin). In den Kapiteln „Zur Verbreitung" bei den einzelnen Arten werden sie (und die Kärtchen in den Feldführern von PETERSON, R. T., P. A. D. HOLLOM und G. MOUNTFORT „Die Vögel Europas", MAKATSCH, W. „Wir beobachten die Vögel Europas" sowie FLINT, W. E. et al. „Die Vögel der UdSSR") nicht genannt; dort wird nur auf uns bekannte genaue Karten für Teilgebiete (und lediglich in besonderen Fällen auf Gesamtkarten) verwiesen.

Die Ergänzungen und Korrekturen zu früher behandelten Arten werden in der nächsten Lieferung enthalten sein. Für freundliche Hinweise sind wir stets verbunden.

Die Karten der 4. Lieferung wurden wieder in bewährter Weise von Frau I. WILCZOK (Berlin) angefertigt.

Berlin, im August 1972 GOTTFRIED MAUERSBERGER

Am 20. November 1972 entriß uns der Tod auch ERWIN STRESEMANN. Hier ist nicht der Ort, Persönlichkeit und Werk zu würdigen; dies wird in vielen Fachzeitschriften in aller Welt geschehen[1]). Ein so aufwendiges Unternehmen wie dieser Atlas wäre ohne sein hohes wissenschaftliches Ansehen nicht zustande gekommen. Im Juni 1955 hatte Prof. Dr. STRESEMANN der Klasse für Chemie, Geologie und Biologie der Akademie, in die er wenige Monate zuvor berufen worden war, ein ornithologisches Arbeitsprogramm vorgelegt, dessen Verwirklichung er förderte und leitete. Auch später, nachdem er die federführende Herausgabe mir übertragen hatte, nahm er am Fortgang des Werkes trotz mannigfacher Belastung tätigen Anteil. Das letzte Gespräch, das ich mit ihm führte, galt vornehmlich den Fragen, die sich aus dem Tode unseres Mitherausgebers und verehrten Freundes L. A. PORTENKO ergaben. Wir schulden ERWIN STRESEMANN hohen Dank.

[1]) Die Nachrufe, die ich den beiden innerhalb eines halben Jahres verstorbenen Herausgebern widmete, erscheinen in den „Mitteilungen aus dem Zoologischen Museum Berlin", Bd. 49 (für E. STRESEMANN) und in „Der Falke", Bd. 21 (für L. A. PORTENKO).

IV

1974

Tichodroma muraria (L.)

bearbeitet von

L. A. PORTENKO und E. v. VIETINGHOFF-SCHEEL

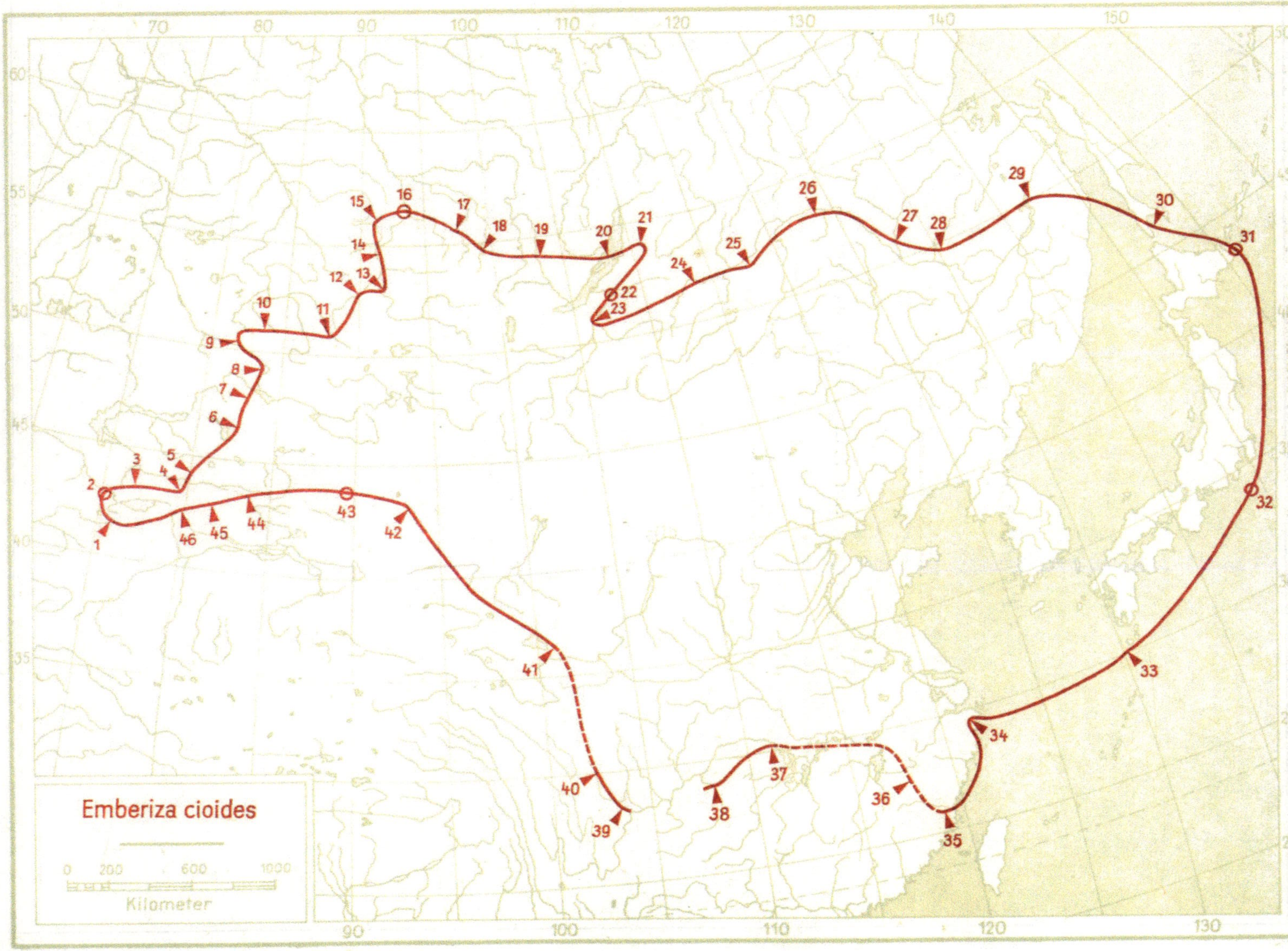
Emberiza cioides
0 200 600 1000
Kilometer

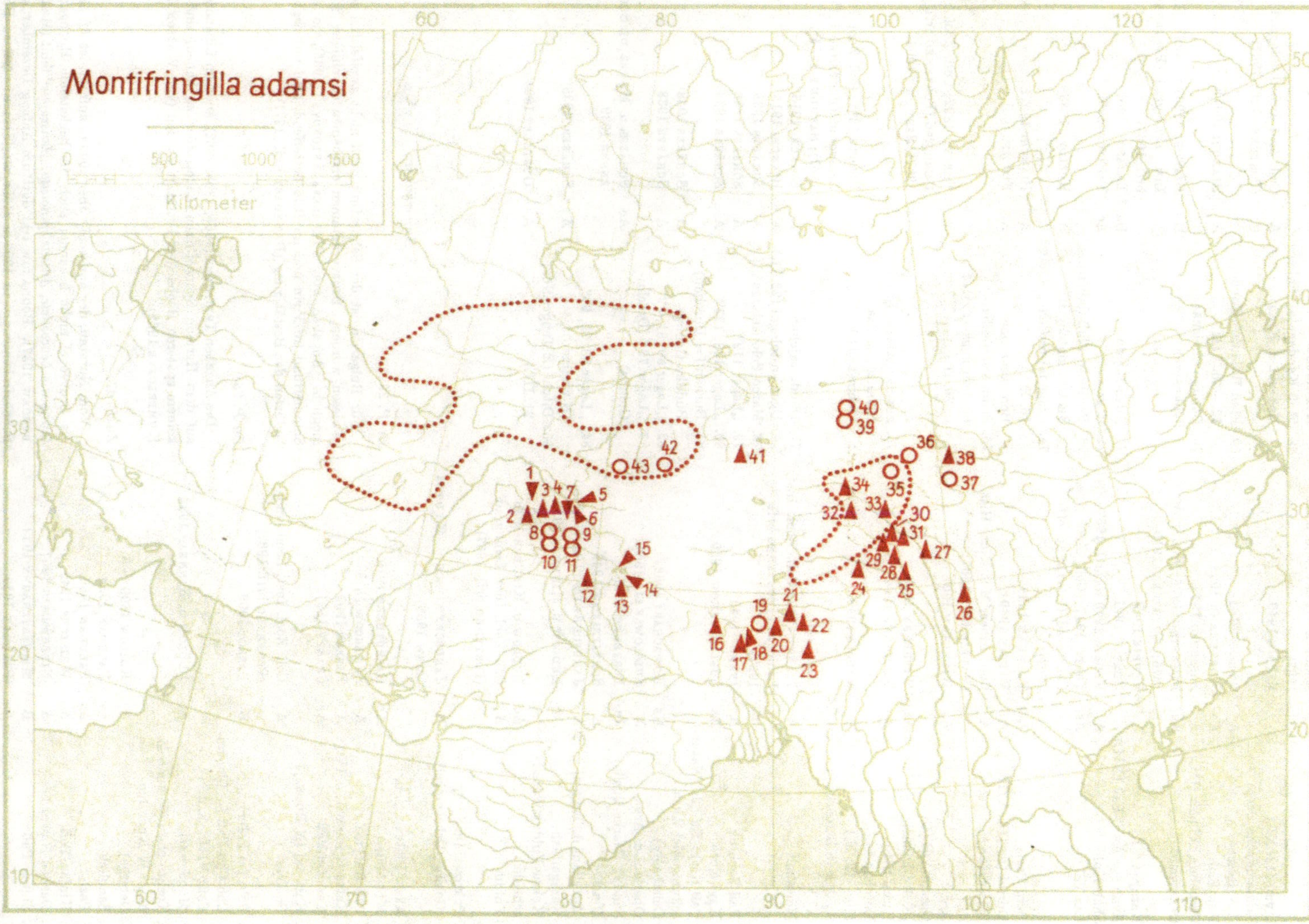
Montifringilla adamsi
0 500 1000 1500
Kilometer

Fundort		Quelle
38. Sawalandag	AJc	Radde 1885; Coll. Zool. Inst. Leningrad (Portenko brfl. 1967)
— Livan (18. XI.)		Vaurie 1949
39. Samamisische Berge (SW Rescht)	A	Gmelin 1784
40. Pish-Kuh	As	Stresemann 1928
— Umgebung Chalus (III.)	A	Passburg 1959
41. Demavend	As	Blanford 1876; Schalow 1876; Witherby 1910
— Karaj (18. I.)		Vaurie 1949
— Avah (= Awe)-Paß (XII.)		Buxton 1921
42. Shah Kuh	A	Vaurie 1949 u. brfl. 1967
— Lar-Tal	As	Trott 1947; Coll. Zool. Inst. Leningrad (Portenko brfl. 1967)
43. Berg Paris	Ac	Paludan 1938
— Durud (I., III., VIII., X.)	A	Vaurie 1949
— Khali Kuh	A	Coll. Amer. Mus. Nat. Hist. (Vaurie brfl. 1967)
44. Ardal	As	Witherby 1907
45. Gardan-i-Bijan (Kuh-i-Dinar)	As	Witherby 1903
— Kuh-i-Sere	A	Sarudnyj 1904
46. Burchao-Paß (10.—12. X.)	A	Vaurie 1949
47. Agalyk (S Samarkand; XI.) ↓		Dal 1941
48. Nowabad	A	Ivanov 1940; Coll. Zool. Inst. Leningrad (Portenko brfl. 1967)
— Paß Zach-ob	A	Ivanov 1940
— Kzyl-Nura	As	Shelesnjakow 1950
49. Paß Kschi-Kaindy (Naturschutzgebiet Aksu-Dshabagly)	Ns	Kowscharj 1966
— Oberlauf d. Arys	J	Sudilowskaja 1954
50. Sandyk (Merke-Quelle)	Ja	Portenko 1961
51. Ulachol	A	Schnitnikow 1949
52. Mittellauf d. Turgenj	A	Januschewitsch et al. 1960
53. Karagaitash	Ac	Ludlow u. Kinnear 1933
— Koksu-Yuldus-Wasserscheide	Ac	Ludlow u. Kinnear 1933
— Yuldus	A	Coll. Zool. Inst. Leningrad (Portenko brfl. 1967)
54. Pokrowskije Syrty (Gebirge Dshetymbel)	N	Januschewitsch u. Kydyraliew 1956
55. Aksai-Plateau (s. n. *M. adamsi*)	Ac	Carruthers 1910
56. Paß Katyn-Art	A	Sewercow 1879
— Katta Kumysch (5. IV.)	A	Parrot 1909
57. Kaskasu-Paß	A	Sharpe 1891
58. Kara-saj (N Russkij-Gebirge)	A	Coll. Zool. Inst. Leningrad (Portenko brfl. 1967)
59. Polu (= Polur)	B	Parrot 1909
60. Cho-Chu-Paß (= Chuchu-Paß; VIII.) (s. n. *M. adamsi*)	Ac	Ludlow u. Kinnear 1933
61. Tochta-chon (35 km S Mamok; W Kuen-lun-Gebirge)	A	Kozlow 1899
62. Sanglich	As	Paludan 1959
— Pashki	As	Paludan 1959
63. Kinjan-Paß	A	Whistler 1945
64. Dasht-i-Nawar	A	Niethammer 1967
65. Shibar-Paß	B	Meinertzhagen 1938
	As	Paludan 1959
66. Panjao (= Pangau)	AJs	Paludan 1959
67. Sajlugem	Jc	Suschkin 1915
— Kuschkonur	Jc	Suschkin 1915
68. Fluß Kandagataj (linker Nebenfl. d. Kran)	A	Coll. Zool. Inst. Leningrad (Portenko brfl. 1967)
69. Fluß Bujantu (Kobdo; 12.—26. VIII.)	A	Bianchi 1907b
70. Gebirge Cholska: Kukusyrche	B	Bianchi 1907a; Coll. Zool. Inst. Leningrad (Portenko brfl. 1967)
71. Adsh-Bogdo	Ba	Tarasow 1960
72. Cogt	Ac	Tarasow 1960
73. Bombotu-Fluß (80 Meilen SE Otkhontengri)	A	Kozlova 1933
74. Czagadaj-usu (Nogon-nor; 16. X.)	A	Bianchi 1907b
— Bon cagan nor	N	Fischer mdl.
75. Schin-schin-scha (= Singsingsia; zw. 17. u. 20. II.) ↓	c	Pleske 1892; Coll. Zool. Inst. Leningrad (Portenko brfl. 1967); Sarudny 1904
76. Ssa-tschinsa (= Satschinza; = Ssatachinsa; II.)		Pleske 1892; Coll. Zool. Inst. Leningrad (Portenko brfl. 1967); Sarudny 1904
77. Dundu-sajchan	A	Bianchi 1915
— Ugolcyn-tologoj (22. II.)	A	Bianchi 1915
78. Marco-Polo-Gebirge ↓	A	Schäfer 1938
79. „Lager 119"	A	Schäfer 1938
80. „Lager 128, 127"	A	Schäfer 1938
81. Burhan-(= Burchan) Buddha-Gebirge	A	Schäfer 1938
82. „Lager 80, 81, 82"	A	Schäfer 1938
83. „Lager 79" (Drechu-Gomba)	Ac	Schäfer u. Meyer de Schauensee 1939
84. „Lager 88, 89, 97" (N Chamdo)	A	Schäfer 1938
85. Ditchi (E Tengri-Nor; 21. III.)	A	Oustalet 1894

Anmerkungen

Zu P. 20:

Für Bulgarien ist der Schneefink noch nicht zweifelsfrei nachgewiesen worden. Brutvorkommen erscheinen an einigen Stellen möglich. Angaben von Paspaleva-Antonova (1965), je einen Sommerfund im Pirin und im Rila betreffend, sind unbelegt und bedürfen der Bestätigung (Baumgart mdl. 1971).

Zu P. 25:

Die Angaben Tristrams (1866, 1868, 1882), auch im Libanon und auf dem Hermon Schneefinken angetroffen zu haben, sind von keinem späteren Beobachter bestätigt worden (vgl. Watson 1961, Kumerloeve 1962).

Zu P. 47:

Vom Nuratau, der nur wenig über 2000 m aufragt, ist *M. nivalis* als Brutvogel nicht bekannt; auch die begleitende Hochgebirgsfauna wie *Leucosticte*, *Anthus spinoletta*, „*Laiscopus*" fehlt (Meklenburcew 1937). Bogdanow traf dort um Anfang Dezember kleine Schneefinkentrupps in 1200 m Höhe an (Salichbajew u. Bogdanow 1967), was auf horizontale Wanderung hinweist.

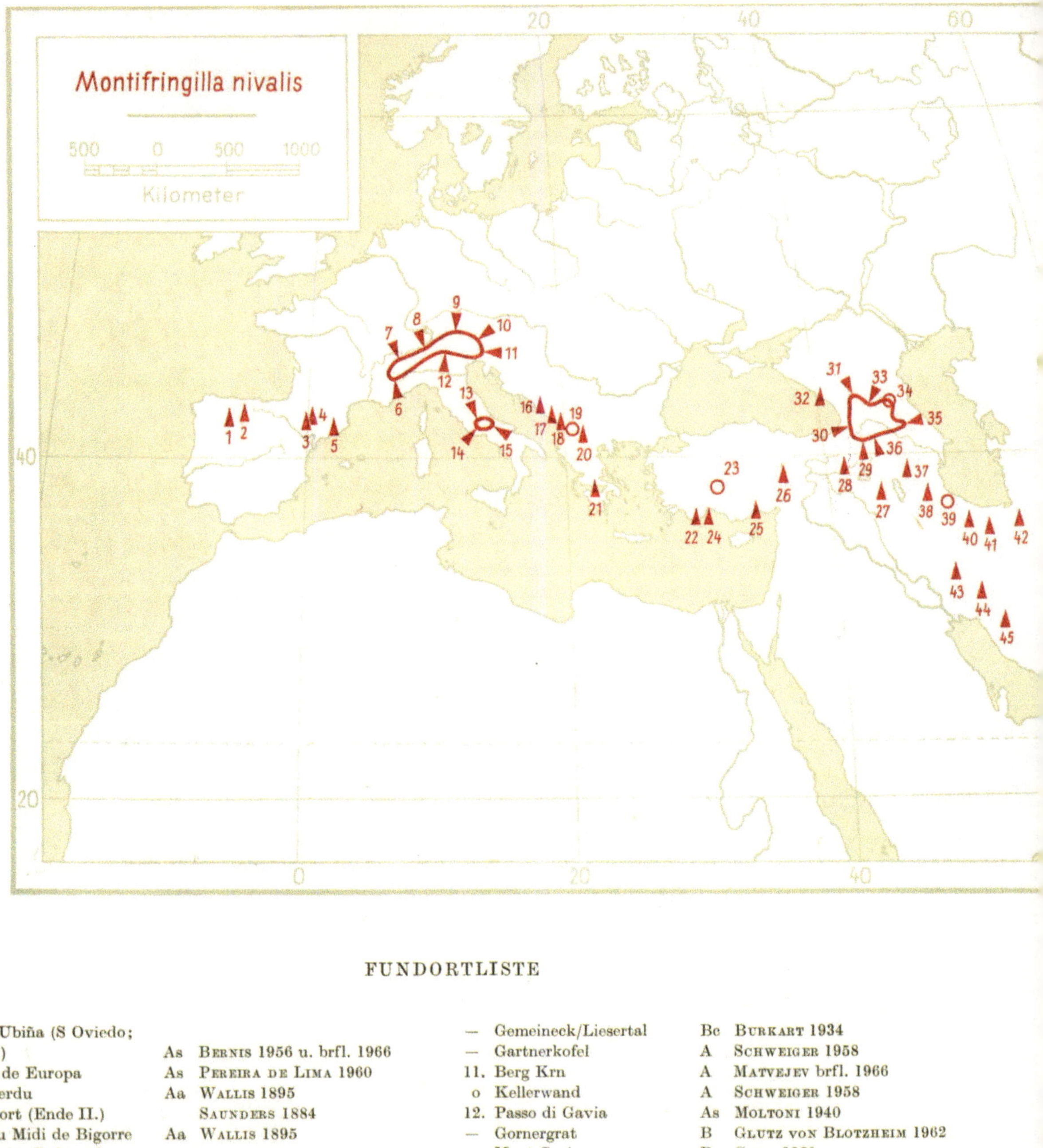

FUNDORTLISTE

Nr.	Fundort		Quelle
1.	Peña Ubiña (S Oviedo; 11. V.)	As	Bernis 1956 u. brfl. 1966
2.	Picos de Europa	As	Pereira de Lima 1960
3.	Pic Perdu	Aa	Wallis 1895
—	Somport (Ende II.)		Saunders 1884
4.	Pic du Midi de Bigorre	Aa	Wallis 1895
5.	Maranges Puigcerda (16. XII.)	s	Castroviejo brfl. 1966
—	Olot (14. XII.)	s	Maluquer 1964
6.	Embrun	Aa	Corti 1961
7.	Samoëns	Ac	Berthet 1936
—	Crete Mt. Joly Aiguille Croche (Megève)	Ja	Vogüe 1948
—	Ormonts	As	Meylan 1931
8.	Urserental	N	Glutz von Blotzheim 1962; Lang 1946
9.	Kreuth (V.)	A	Gengler 1912—13
10.	Ruprechtseck	A	Hable 1955
—	Ausläufer d. Hochschwab (Brucker Kreis)	B	v. Tschusi u. v. Dalla-Torre 1887
—	Gemeineck/Liesertal	Bc	Burkart 1934
—	Gartnerkofel	A	Schweiger 1958
11.	Berg Krn	A	Matvejev brfl. 1966
o	Kellerwand	A	Schweiger 1958
12.	Passo di Gavia	As	Moltoni 1940
—	Gornergrat	B	Glutz von Blotzheim 1962
—	Mont-Cenis	B	Corti 1961
—	N Meeralpen	B	Caziot 1924; Ingram 1926
—	Tanavello	B	Panizzi 1897
13.	Monte Terminello	Bs	di Čarlo 1958
—	Sella di Leonessa	Bs	di Carlo 1958
14.	Massiv Maiella	Nc	Vaughan 1953
15.	Mt. Viglio	As	Alexander 1927
16.	Spionik-Felsen (Visočica-Gebirge)	Bs	Reiser 1895, 1939
—	Zelena Gora: Orufa	Ns	Reiser 1939
17.	Čirova pečina (Durmitor)	AJs	Reiser u. v. Führer 1896; v. Führer 1901; Matvejev brfl. 1966
18.	Berg Kom (22. VIII.)	A	v. Führer 1900, 1901
19.	S Šarplanina	B	Matvejev brfl. 1966

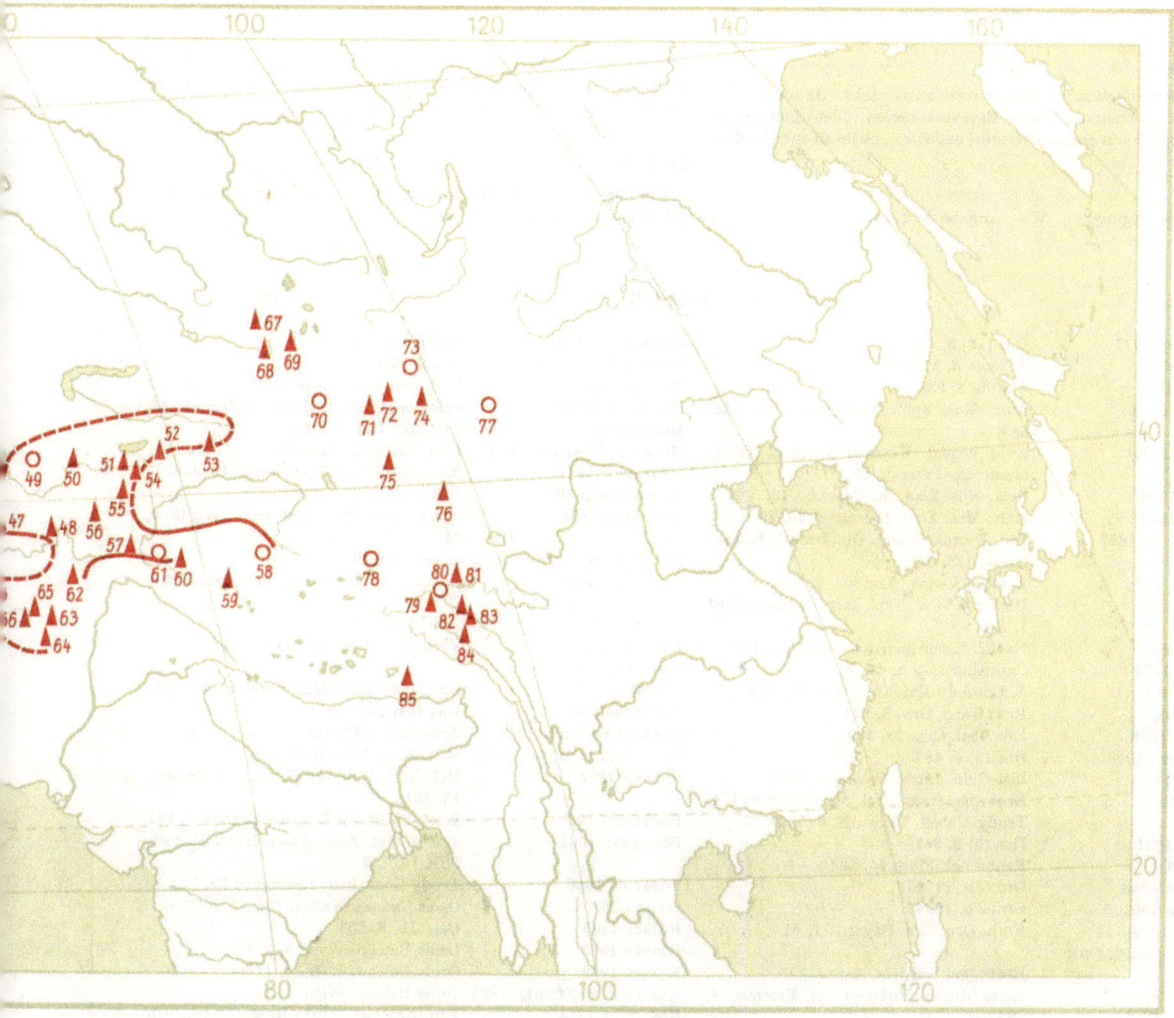

—	Rudoka-Gebirge	B	Matvejev brfl. 1966
20.	Jakupica ↓	A	Matvejev brfl. 1966
—	Korab-Gebirge	B	Matvejev brfl. 1966
21.	Korax-Gebirge (= Vardusia)	AJa	Reiser 1905
—	Parnassos (29. IV.)	A	Flach 1960
22.	Elmali Dağl (20. V.)	A	Vader 1965
23.	Sultan Daglari	Aa	Warncke 1971
24.	Ak Dağ, Kaş (Antalya; 25. III.)	A	Watson 1961
25.	Hacin Daği ↓	As	Kumerloeve 1964
—	Cilicische Pforte (20. V.)	A	Vader 1965
26.	Sivas (8. IV.)	As	Kumerloeve brfl. 1966
27.	Bashkala	Bc	Witherby 1907
—	Paßbereich Ispiriz-Mengene dağlari	ANc	Kumerloeve 1969
—	Seramadia (18. III.)	Ac	Moore u. Boswell 1957
28.	Erzeroom (= Erserum)	Ac	Dresser 1891
		J	Nesterow 1911; Coll. Zool. Inst. Leningrad (Portenko brfl. 1967)

29.	Kars	B	Kumerloeve brfl. 1966
—	Arpa Cayl-Tal (= Arras)	Ac	Kumerloeve brfl. 1966
30.	Bachmaro (Anf. VIII.)	As	Shordanija 1962
31.	Tyrny-Auz (= Orzokowskij)	Jc	Heptner 1926
32.	Berg Tschugusch (1 mal VIII.)	A As	Turow 1928
—	Tepli	AJ	Böhme 1926
33.	Kazbegi	N	Satunin 1907
34.	Andijskij-Gebirge (bis 20. IX.)	Aa	Rossikow 1884
—	See Ezenj-Am (IX.)	A	Rossikow 1884; Böhme 1933
—	Mitschetl-Gebirge	Ns	Bilkewitsch 1893
35.	Schlucht Sarybasch	A	Serebrowskij 1925
—	Fluß Kura zw. Achalciche u. Achalkalaki (Anf. V.)	Ac	Molamusow 1967
36.	Ortakilis (N Leninakan)	A	Laister u. Sosnin 1942
37.	Murow-dag	A	Satunin 1914
—	Karadag	A	Coll. Zool. Inst. Leningrad (Portenko brfl. 1967)

Zu P. 75 u. P. 76:

Die Brutvogelfauna des Beischan ist unerforscht. Ob die auf der Karte verzeichneten Funde Brutvorkommen oder horizontale Wanderungen (von *groum-grzimaili*) andeuten, bleibt unentschieden.

Zu P. 78:

Eine Bestätigung für diese Angabe Schäfers war nirgends zu finden. Przewalskij traf in diesem Gebirge („am Mittellauf des Najtschin-gol") und im Schugan-Gebirge lediglich *M. adamsi* an (im Winter) (Portenko brfl. 1967).

Zu P. 79:

Die Lage der so bezeichneten Fundorte ist allein der von Schäfer l. c. gegebenen Karte zu entnehmen.

LITERATUR

Alexander 1927 — Ibis (12) 3, 663.
Bernis 1956 — Ardeola 3, 37; 42.
Berthet 1936 — Alauda 8, 235.
Bianchi 1907a — Ann. Mus. Zool. St.-Pétersb. 12, 588, 589.
Bianchi 1907b — Aves Exped. Kozlowi Mongol., Tibet. orient. St.-Pétersb. 25.
Bianchi 1908 — Ann. Mus. Zool. St.-Pétersb. 13, 260.
Bianchi 1916 — Ann. Mus. Zool. Petrograd 20, 29.
Bilkewitsch 1893 — Pril. Protok. Zased. Ob. Jestest. Kazan. Uniw. 135, 15.
Blanford 1876 — Eastern Persia. London. 2, 248.
Böhme 1926 — Bull. Sci. Inst. Expl. Reg. Caucase Nord 1, 195.
Böhme 1933 — Nachr. 2. nordkaukas. päd. Inst. 142.
Burkart 1934 — Carinthia 2/43 u. 44, 102.
Buxton 1921 — J. Bombay Nat. Hist. Soc. 27, 854.
Caziot 1924 — Rev. franç. Orn. 8, 231.
Di Carlo 1958 — Riv. Ital. Orn. 28, 209.
Carruthers 1910 — Ibis (9) 4, 447.
Cheng 1958 — List Chin. Birds. Peking. 2, 379.
Corti 1961 — Brutvögel franz., ital. Alpenz. Chur. 174.
Dal 1941 — Trudy Uzbek. Uniw., N. S. 21/8, 33.
Dresser 1891 — Ibis (6) 3, 367.
Flach 1960 — Fauna och Flora 55, 263.
v. Führer 1900 — Orn. Jb. 11, 178.
v. Führer 1901 — Orn. Jb. 12, 47.
Gengler 1912–13 — Verh. Orn. Ges. Bayern 11, 81.
Glutz von Blotzheim 1962 — Brutvögel Schweiz. Aarau. 575.
Gmelin 1784 — Reise durch Rußland. St.-Pétersb. 4, 169.
Hable 1955 — Mitt. Naturw. Ver. Steiermark 85, 87.
Heptner 1926 — Bull. Sci. Inst. Expl. Reg. Caucase Nord 1, 126.
Ingram 1926 — Birds Riviera. High Holborn. 10.
Ivanov 1940 — Oiseaux Tadjikistan. Moscou-Leningrad. 154.
Iwanow 1969 — Pticy Pamiro-Alaja. Leningrad. 351.
Januschewitsch et al. 1960 — Pticy Kirgizii. Frunze. 2, 100.
Januschewitsch u. Kydyralijew 1956 — Trudy Inst. zool., paraz. Akad. Nauk Kirgiz. SSR 5, 45.
Kowscharj 1966 — Pticy Talassk. Alatau. Alma-Ata. 169.
Kozlow 1899 — Ann. Mus. Zool. St.-Pétersb. 4, 260; 276.
Kozlowa 1930 — Pticy Zabajkalja, Sew. Mongolii i centr. Gobi. Leningrad. 186.
Kozlova 1933 — Ibis (13) 3, 70.
Kozlowa 1952 — Trudy Zool. Inst. Leningr. 9, 1002.
Kumerloeve 1962 — Bonn. Zool. Beitr. 12 (Sonderh.), 44.
Kumerloeve 1964 — Rev. Fac. Sci. Univ. Istanbul, Sér. B, 27/3–4, 181.
Kumerloeve 1969 — Rev. Fac. Sci. Univ. Istanbul, Sér. B, 34/3–4, 257.
Laister u. Sosnin 1942 — Ornis Armeniaca. Erewan. 258.
Lang 1946 — Orn. Beob. 43, 33.
Ludlow u. Kinnear 1933 — Ibis (13) 3, 667.
Maluquer 1964 — Ardeola 9, 159.
Meiklejohn 1948 — Ibis 90, 79.
Meylan 1931 — Bull. Soc. Zool. Genève 4/3, 4.
Molamusow 1967 — Pticy centr. Sew. Kawk. Naltschik. 32.
Moltoni 1940 — Atti Soc. Ital. Sci. Nat. 79, 340.
Moore u. Boswell 1957 — Iraq Nat. Hist. Mus. Publ. 12, 240.
Nesterow 1911 — Ann. Mus. Zool. St.-Pétersb. 16, 338.
Niethammer 1967 — Ibis 109, 117.
Oustalet 1894 — Nouv. Arch. Mus. Hist. nat. Paris (3) 6, 25.
Paludan 1938 — J. Orn. 86, 592.
Paludan 1959 — Vidensk. Medd. Dansk. nat. hist. Foren. 122, 279.
Panizzi 1897 — Avicula 1, 39.
Parrot 1909 — Verh. Orn. Ges. Bayern 9, 255.
Paspaleva-Antonova 1965 — Bull. Inst. Zool. Mus. Sofia 19, 33–37.
Passburg 1959 — Ibis 101, 168.
Pereira de Lima 1960 — Ardeola 6, 397; 401.
Piechocki u. Bolod 1972 — Mitt. Zool. Mus. Berlin 48, 147.
Pleske 1892 — Mél. biol. Bull. Acad. Sci. St.-Pétersb. 13, 281.
Portenko 1960 — Pticy SSSR. Moskwa-Leningrad. 4, 232.
Portenko 1961 — Trudy Inst. Zool. Akad. Nauk Kazach. SSR 15, 129.
Potapow 1966 — Trudy Zool. Inst. Leningrad 39, 72.
Radde 1885 — Ornis Caucas. Kassel. 134–135.
Reiser 1895 — Orn. Jb. 6, 253.
Reiser 1905 — Ornis Balcan. Wien. 3, 231.
Reiser 1939 — Ornis Balcan. Wien. 1, 115.
Reiser u. v. Führer 1896 — Ornis Balcan. Wien. 4, 76.
Rossikow 1884 — Zap. Kawkaz. Otd. Russ. Geogr. Ob. 13/1, 229; 239; 264.
Salichbajew u. Bogdanow 1967 — Fauna Uzbek. SSR. Taschkent. 2/4, 111.
Sarudny 1904 — Orn. Jb. 15, 215.
Satunin 1907 — Mat. ptic. Kawkaz. kraja. Tiflis. 55.
Satunin 1914 — Pticewedenije i pticewodstwo 5/2, 89.
Saunders 1884 — Ibis (5) 2, 376.
Schäfer 1938 — J. Orn. 86 (Sonderh.), 308; 318.
Schäfer u. Meyer de Schauensee 1939 — Proc. Acad. Nat. Sci. Philadelphia 90, 252.
Schalow 1876 — J. Orn. 24, 184.
Schnitnikow 1949 — Pticy Semiretschja. Moskwa-Leningrad. 374.
Schweiger 1958 — Jb. Österr. Arbeitskr. Wildtierf. 27, 30.
Scully 1876 — Stray Feathers 4, 172.
Sewercow 1879 — Zap. Turkest. otd. Jestest., antropol., etnogr. 1/1, 72.
Sharpe 1899 — Second Yarkand Mission. Aves. London. 31.
Shelesnjakow 1950 — Trudy Sredneaziat. Uniw., N.S. 13, Biol. 4, 37.
Shordanija 1962 — Ornitofauna Mal. Kawkaza (Gruzin. SSR). Tbilisi. 179.
Serebrowskij 1925 — Nouv. Mém. Soc. Nat. Moscou 18/2, 11.
Stegmann 1932 — J. Orn. 80, 101.

STRESEMANN 1928 J. Orn. 76, 353.
SUDILOWSKAJA 1954 Pticy Sow. Sojuza. Moskwa. 5, 311.
SUSCHKIN 1915 Mess. Orn. 6/4, 281.
SUSHKIN 1938 Birds Soviet Altai. Moskwa-Leningrad. 2, 64.
TARASOW 1960 Biol. sborn. Wost.-Sib. Geogr. Ob. 171.
TRISTRAM 1866 Ibis 2, 288.
TRISTRAM 1868 Ibis 4, 208.
TRISTRAM 1882 Ibis (4) 6, 406.
TROTT 1947 Ibis 89, 232.
v. TSCHUSI u. v. DALLA-TORRE 1887 Ornis 3, 244.
TUROW 1928 Arb. Nord-Kaukas. Assoc. wiss. Inst. 44, 9.
VAUGHAN 1953 Riv. Ital. Orn. 28, 209.
VADER 1965 Ardea 53, 177.
VAURIE 1949 Amer. Mus. Novit. 1406, 29.
VOGÜE 1948 Alauda 16, 139.
WALLIS 1895 Ibis (7) 1, 73.
WARNCKE 1971 Vogelwelt 92, 21.
WATSON 1961 Postilla 52, 11–15.
WHISTLER 1945 J. Bombay Nat. Hist. Soc. 45, 119.
WITHERBY 1903 Ibis (8) 3, 524.
WITHERBY 1907 Ibis (9) 1, 99.
WITHERBY 1910 Ibis (9) 4, 510.

Briefliche Auskünfte erteilten: BERNIS, CASTROVIEJO (Spanien), FISCHER (Mongolei), GOODWIN (Tibet), KUMERLOEVE (Kleinasien), MATVEJEV (Jugoslawien), VAURIE (Iran). Mündliche Auskunft: BAUMGART (Bulgarien).

Montifringilla nivalis (L.)

Schneefink

Verwandtschaft und Gliederung

Der nächste Verwandte ist *M. adamsi* (s. dort).

Die Nominatform ist auf die südeuropäischen Gebirge beschränkt. Den größten Teil des asiatischen Areals hält *M. n. alpicola* (Pallas) besetzt; bei ihr ist der Oberkopf etwa wie der (bräunliche) Rücken gefärbt, während er bei der Nominatrasse mit seinem aschgrauen Ton vom dunkelbraunen Rücken absticht. Die von SARUDNY und LOUDON beschriebenen Schneefinken des Zagross-Gebirges („*gaddi*") und der mongolischen Berge, auch des Altai („*groum-grzimaili*"), sind ein wenig blasser. Die Brutvögel Südanatoliens (*fahrettini* Watson) haben noch blasseren, graueren Rücken, kürzere Flügel und deutlich kürzeren Schnabel als *gaddi*; in der Kopffärbung stehen sie zwischen *nivalis* und *alpicola*. Die Schneefinken der Kuenlun-Kette (P. 58 bis P. 61), *kwenlunensis* Bianchi, sind etwas kleiner und heller als *alpicola*, oberseits fast wüstenfarbig fahlgraubraun, die von Tibet (P. 78 bis P. 85) dagegen, *henrici* (Oustalet), größer und viel dunkler, oben dunkel erdbraun mit deutlich geflecktem Rücken, an Flanken und Bauch graubräunlich getönt; ihr Schnabel ist auffallend lang und kräftig.

M. n. henrici unterscheidet sich so deutlich von den benachbarten *kwenlunensis* und *groum-grzimaili*, daß er wohl als ältere Form angesehen werden kann; KOZLOWA (1952), die auch *alpicola* artlich von *nivalis* sondert, PORTENKO (1960) und STRESEMANN (mdl. Mitt.) gestehen ihr sogar Artrang zu. Die Strukturunterschiede (cf. KOZLOWA l. c.) sind allerdings nicht bedeutend; zudem grenzt *henrici* nicht so eng an *kwenlunensis* und *groum-grzimaili*, daß man aus dem Verhältnis zueinander Schlüsse auf die Ranghöhe ziehen könnte (vgl. *Emberiza godlewskii* und *Parus flavipectus*). Deutliche biologische Unterschiede, die die bei Allopatrie zumindest schwierige Bewertung erleichtern, scheinen nicht zu bestehen. Wir zogen es daher wie auch VAURIE (1959) vor, *henrici* als Unterart zu behandeln. *M. adamsi* dagegen, oft als Unterart zu *nivalis* gezogen, lebt zumindest mit *kwenlunensis* sympatrisch und stellt somit ohne Zweifel eine eigene Art dar.

Zur Verbreitung

„Wahrscheinlich hat sich der Schneefink ursprünglich im südlichen Teile Zentralasiens ausgebildet, hat sich dann über Zentralasien überhaupt und über Westasien ausgebreitet und ist zuletzt nach Europa gelangt" (STEGMANN 1932, p. 101). Das offenbar höhere Alter von *henrici* legt nahe, daß die mongolischen Brutvögel, die *alpicola* sehr ähneln (und von VAURIE mit dieser synonymisiert werden), ihren Weg eher über den östlichen Tianschan als über Tibet genommen haben; dafür spricht auch das mutmaßliche Entstehungszentrum von *M. adamsi* (Himalaya). Aus dem fast unerforschten östlichen, chinesischen Tianschan sind keine Vorkommen gemeldet worden, die die Brücke von *alpicola* zu *groum-grzimaili* schlagen.

In den meisten Gebieten sind die Funde so spärlich, daß wir eine verallgemeinernde Grenzziehung nicht wagen konnten. Die Linie um das Areal von *alpicola* (s. str.), in das nur eine Auswahl von Punkten eingezeichnet ist, umschließt die bewohnbar erscheinenden Gebirgsregionen; namentlich die Nordgrenze ist noch ungewiß (s. a. die Anmerkung zu P. 47). Selbst im Alpenraum bedeutet die Umgrenzung keineswegs, daß der Schneefink gleichmäßig über die gesamte Höhenregion verbreitet ist (vgl. LANG in GLUTZ VON BLOTZHEIM 1962).

Spezialkarten der Verbreitung in China bei CHENG (1958), in der Mongolei bei PIECHOCKI u. BOLOD (1972), in der Kirgisischen SSR bei JANUSCHEWITSCH et al. (1960), im Semiretschje bei SCHNITNIKOW (1949).

Oekologie

In allen Teilen seines Areals besiedelt der Schneefink hochalpine Lebensräume mit Fels und niedriger, zuweilen tundraartiger Vegetation. Sie lassen sich mit fast denselben Worten kennzeichnen wie die von *Prunella collaris*, die vielerorts auch an der Seite des Schneefinken lebt. Es sind steile Felswände, auch in kahlen, nicht zu engen Schluchten, Hänge mit Fels und Geröll oder alpine (seltener subalpine) Matten in Hochtälern und auf flachen Gipfeln mit verstreuten Steinen und Geröllfeldern. In den weiten wasserlosen Hochtälern des Pamir, die den in Tibet von *adamsi* bewohnten gleichen, kommt der Schneefink nicht vor (Iwanow 1969). Auch *M. nivalis* verlangt anscheinend in der Umgebung seiner Aufenthaltsorte wiesenartigen Pflanzenwuchs, den er der Nahrung wegen häufiger aufsucht als Schnee- oder Firnfelder und die Ränder von Gletschern. Auch Bergäcker und Almweideplätze von Haustieren ziehen ihn an (Potapow 1966). Menschliche Bauten meidet er zu keiner Zeit, wohl aber die Gebüschregion; selbst einzelne Büsche finden sich nur selten in seinem Lebensraum.

Auf seinen Streifereien hält sich der Schneefink zumeist an die auch zur Brutzeit bevorzugten Habitate, besucht aber auch hochkrautige Bergsteppen (so in Armenien; Mauersberger unveröff.). „Im Winter erscheinen schon vor Anbruch der Morgendämmerung große Scharen an den Futterstellen der Gebirgsdörfer und Hospize" (Lang l. c.).

Während der Brutperiode lebt der Schneefink zwischen der oberen Grenze des Buschwuchses und dem Gürtel von Schnee und Gletscherfirn. Die damit bestimmte Vertikalverbreitung erstreckt sich in der Schweiz von 1440 bis 3470 m (Lang l. c.), ähnlich in Transkaukasien (Laister und Sosnin 1942, Sudilowskaja 1954), im Elburs von 2500 bis über 3000 m (Stresemann 1928, Blanford 1876), im sowjetischen Tianschan von 2700 bis 3600, im Pamir bis über 4100 m (Schnitnikow 1949, Iwanow 1969) und selbst im sowjetischen Altai von 2200 bis 3000 m (Sushkin 1938), im Gobischen Altai oberhalb von etwa 2000 m (Piechocki u. Bolod 1972). Die höchsten Lagen erreicht *M. n. henrici* in Tibet, nämlich zwischen 4000 und 5500 m (Schäfer 1938, pp. 308 und 318).

Als Standort für das Nest wählt der Schneefink gewöhnlich enge Spalten in Felswänden oder zwischen Steinblöcken, häufig auch in Mauern und unter Dächern von Hütten und Häusern, sogar von vielbesuchten Berghotels (ausführliche Angaben z. B. bei Lang l. c.), ab und zu in Höhlen von Lehmböschungen (Januschewitsch et al. 1960). Gelegentlich schließen sich mehrere Paare zu kleinen Kolonien zusammen, so in Georgien (Sudilowskaja 1954), im Altai (Sushkin 1938) und, hier nur an Gebäuden, in der Schweiz (Lang l. c.). Der Brutbeginn hängt von der Schneeschmelze ab und fällt in günstigen Lagen in den Mai, meist aber erst in den Juni; die letzten Jungen fliegen im August aus. Vielleicht brüten manche Schneefinken zweimal jährlich, doch fehlen wirkliche Nachweise. Jedenfalls zeigen sich vertikale Unterschiede in derselben Population; so können aus Bruten, die mit einsetzender Schneeschmelze begonnen wurden, bereits Anfang Juni Junge schlüpfen, während in höheren Lagen noch kleine Trupps umherstreifen (Altai; Sushkin 1938).

Je nach Lage der Brutzeit beginnen Alte wie Junge zwischen Mitte Juli und Mitte August mit dem Federwechsel.

Wanderungen

Auch im jahreszeitlichen Ortswechsel ähnelt der Schneefink der Alpenbraunelle. Er wandert allenfalls in vertikaler Richtung, wobei die örtlichen klimatischen Bedingungen und das davon abhängige Angebot an Nahrung jeweils den Ablauf bestimmen.

„Nach der Brut vereinigen sich die Familien zu Schwärmen von 50 bis 250 Exemplaren und suchen die höheren Regionen auf, bis der Schnee die Vögel in die Brutgebiete zurücktreibt. Selbst im Januar und Februar können aber Schneefinken über 3000 m beobachtet werden; tiefere Lagen der subalpinen Stufe werden im Gegensatz etwa zur Alpenbraunelle *Prunella collaris* nur selten aufgesucht" (Lang l. c.). Dies gilt offenbar ganz ähnlich für alle Teile des Areals (cf. Kozlowa 1930, Sushkin 1938, Schäfer 1938, Laister und Sosnin 1942). Auch bei hohem Schnee können die Vögel noch verweilen, wenn inverse Luftströme Insekten in jene Höhen führen (Kowscharj 1966). Die niedrigsten Funde liegen im nördlichen Kaukasus bei 600 bis 800 m (Böhme 1926), in Armenien bei 1500 m (Laister und Sosnin 1942), in Südanatolien bei 1800 m (Watson 1961), am Issyk-kul bei 1700 m (Schnitnikow 1949), im westlichen Alaj-Gebiet bei 1500 m (Carruthers 1910) und am Fuße der Berge bei 1000 m (Iwanow 1969), gewöhnlich aber nicht unterhalb der Baumgrenze. „*M. nivalis henrici* ist ein stenöker Standvogel der höchsten und nördlichsten Ausläufer des himalayanischen Gebirgssystems" (Schäfer 1938); auch Oustalet (1894) führt ihn für jene schneearmen Lagen im März bei 4890 m Höhe auf. Die Wetterabhängigkeit der vertikalen Bewegungen zeigt sich deutlich bei nachwinterlichen Niederschlägen. „Bei starken Schneefällen im Mai beobachtete ich vereinzelt, daß gepaarte *nivalis*-Schneefinken in großen Scharen in tiefere Taleinschnitte hinabgedrückt wurden, aber ich konnte niemals feststellen, daß sie das Felsengebiet von *M. adamsi* in den Talböden erreichten" (Schäfer l. c.).

Wie weit Schneefinken in den Gebirgen umherstreichen, ist noch unbekannt. Weite Flüge außerhalb der hohen Lagen stellen jedenfalls große Ausnahmen dar und sind fast nur von der Nominatform bekannt (s. aber die Anm. zu P. 47 und P. 75). Vereinzelte Funde sind von Helgoland, England und den Kanarischen Inseln gemeldet worden; die meisten Angaben der Literatur beruhen auf Fehlbestimmungen.

G. M.

IV

1974

Montifringilla adamsi Adams

bearbeitet von

L. A. PORTENKO und E. v. VIETINGHOFF-SCHEEL

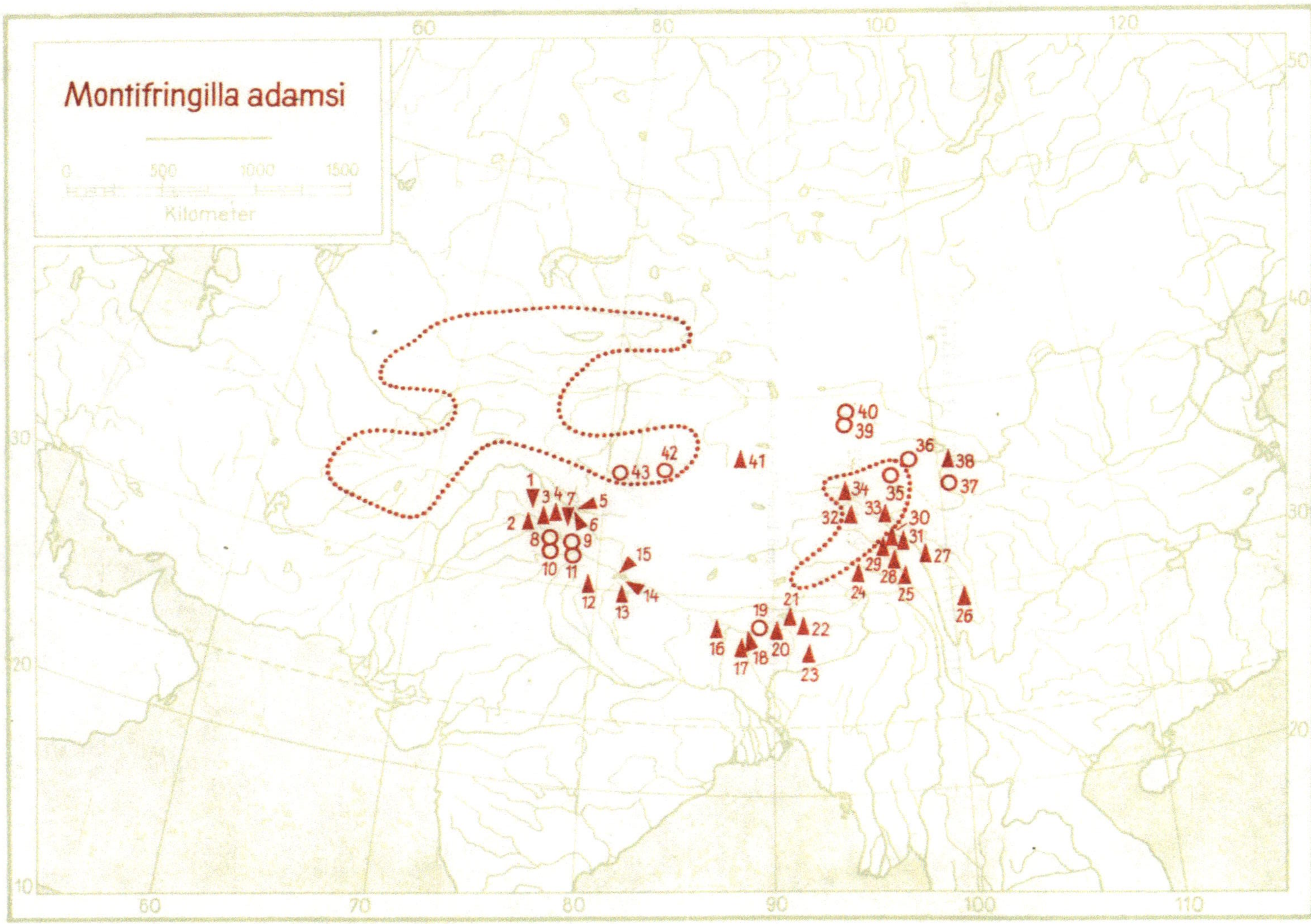

••••••••••••••• Arealgrenzen von *M. nivalis alpicola* und *M. nivalis kwenlunensis* im Westen und *M. (n.) henrici* im Osten

FUNDORTLISTE

Nr.	Fundort		Quelle
1.	Suru	Ac	Cordeaux 1894
2.	Wurdwan	Ac	Cordeaux 1894
3.	Namıka La-Paß	N	Osmaston 1930
–	Lamayeroo (= Lama Yaru)	B	Adams 1859
–	Bod Kharbu (28. IV.)	A	Osmaston 1925
–	Shirshir-Paß	N	Osmaston 1930
4.	Leh	Nc	Osmaston 1925;
		J	Meinertzhagen 1927
		A	Coll. Zool. Mus. Berlın
–	Fotu-la-Paß	A	Oberholser 1900, Richmond 1896
–	Khardong-Tal	Jc	Sillem 1934–35
5.	Marsimık La	A	Osmaston 1925
6.	Pangkong-Seeufer	A	Meinertzhagen 1927
7.	Tso Moriri-See	Nc	Osmaston 1925
–	Mirpal Tso	A	Osmaston 1925
–	Chumathang	A	Osmaston 1925
8.	Lahul	A	Whistler 1925
9.	Spiti	Nc	Whistler 1923
–	Kibor, Ladardse	Ac	Koelz 1937
10.	Kulu	J	Coll. Zool. Inst. Lenıngrad (Portenko brfl. 1968)
11.	Sutley-Tal (Winter)		Stoliczka 1868
12.	Budrınauth (Kumaon)	A	Hendersen u. Hume 1873
13.	Taklakot	Ac	Ali 1946
–	Pala	Ac	Ali 1946
14.	Ngayeze	Ac	Ali 1946
15.	Mt. Kailas	Ac	Ali 1946
–	Dıraphuk	Ac	Ali 1946
16.	Shekar (= Shikar)	As	Hingston 1927
17.	Gyamthashana Tso	AJ	Schäfer unveröffentl.; Ali 1962
–	Kangra Lama	A	Hendersen u. Hume 1873
18.	Tuna (5. III.)	As	Walton 1906
19.	zw. Gyantse u. Phari	N	Ludlow 1928; Walton 1906
–	zw. Hram Tso u. Kala Tso	A	Maclaren 1948
–	Sakang (= Saugang)	J	Schäfer unveröffentl.
20.	Pede	A	Schäfer unveröffentl.; Ludlow 1944
–	Nangkartse	A	Schäfer unveröffentl.
21.	Lhasa	A	Schäfer unveröffentl.
22.	Tsetang (= Chetang)	A	Schäfer unveröffentl.
23.	Tsona	Ac	Ludlow u. Kinnear 1937
24.	Sérésoumdo (23. IV.)	A	Oustalet 1894
25.	Routoumdo (17. V.)	A	Oustalet 1894
26.	Litang (24. IX., 12. X.)	A	Schäfer 1938
27.	Lager 144	B	Schäfer 1938
28.	Dza-tschju (nördl. Zufluß d. Mekong)	A	Kozlow Tagebuch (Portenko brfl. 1968)
29.	Jekundo (17. IV.)	A	Coll. Zool. Mus. Berlin
30.	Lager 79 (Drechu Gomba)	Bc	Schäfer 1938
–	Lager 78 (Chınto)	A	Schäfer u. Meyer de Schauensee 1939
–	Lager 80	Bc	Schäfer 1938
31.	Lager 62 (Waterh)	Bc	Schäfer 1938
32.	Lager 119 (Drechu-Arm d. oberen Yangtze)	Bc	Schäfer 1938
33.	Lager 102, 103, 104 (am oberen Yalung)	Bc	Schäfer 1938
34.	Najtschi-gol (Marco-Polo-Geb.; I.)		Przewalskij Tagebuch; Coll. Zool. Inst. Leningrad (Portenko brfl. 1968)
–	Schuga-gol (Vorberge d. Schurganula; XII.)		Prshewalskij 1876 u. Przewalskij Tagebuch; Coll. Zool. Inst. Lenıngrad (Portenko brfl. 1968); Kozlow Tagebuch; Coll. Zool. Inst. Leningrad (Portenko brfl. 1968)
35.	Burchan-Budda-Gebirge (IV.)	A	Przewalskij Tagebuch; Coll. Zool. Inst. Leningrad (Portenko brfl. 1968)
36.	Süd-Kukunor-Gebirge (IV.)	A	Przewalskij Tagebuch; Coll. Zool. Inst. Leningrad (Portenko brfl. 1968)
37.	Ba-Ebene (S Jupar-Gebirge)	A	Bangs u. Peters 1928
–	Dzomo-Tal	A	Bangs u. Peters 1928
38.	Sın-dse (Sıning-ho)	A	Stresemann et al. 1937; Coll. Zool. Mus. Berlin
–	Heitsuitse	A	Stresemann et al. 1937
–	Rangchta-Paß (25. III.)	A	Stresemann et al. 1937
39.	W-Nan-Shan (bei 96–97° E)	AJ	Przewalskij Tagebuch; Coll. Zool. Inst. Lenıngrad (Portenko brfl. 1968)
40.	S-Hang d. Humboldt-Gebırges	A	Kozlow Tagebuch; Coll. Zool. Inst. Lenıngrad (Portenko brfl. 1968)
41.	Fluß Lamam Sajtu (Moskowskij-Gebırge; Wınter)		Przewalskij Tagebuch; Coll. Zool. Inst. Lenıngrad (Portenko brfl. 1968)
42.	Russkıj-Gebirge	B	Stegmann 1932
43.	Kerıja-Gebirge	J	Przewalskij Tagebuch; Coll. Zool. Inst. Lenıngrad (Portenko brfl. 1968)

LITERATUR

Adams 1859 Proc. Zool. Soc. London 17, 178.
Ali 1946 J. Bombay Nat. Hist. Soc. 45, 301.
Ali 1962 Birds Sikkim. Madras. 365.
Bangs u. Peters 1928 Bull. Mus. Comp. Zool. Harvard 68/7, 377.
Bianchi 1907 Aves exped. Kozlowi Mongol., Tibet. orient. St.-Pétersb. 25.
Cheng 1958 List Chin. Birds. Peking. 2. 380.
Cordeaux 1894 Ibis (6) 6, 373.
Hendersen u. Hume 1873 Lahore to Yarkand. London. 263.
Hingston 1927 J. Bombay Nat. Hist. Soc. 32, 324.
Koelz 1937 Ibis (14) 1, 96.
Ludlow 1928 Ibis (12) 4, 67.
Ludlow 1944 Ibis 86, 359.
Ludlow u. Kinnear 1937 Ibis (14) 1, 477.
Maclaren 1948 Ibis 90, 202.
Meinertzhagen 1927 Ibis (12) 3, 389.
Oberholser 1900 Proc. United States Nat. Mus. 22, 225.
Osmaston 1925 Ibis (12) 1, 696.
Osmaston 1930 J. Bombay Nat. Hist. Soc. 34, 119; 121.
Oustalet 1894 Nouv. Arch. Mus. Hist. nat. Paris (3) 6, 22.
Prshewalskij 1876 Mongolei u. Land Tanguten. St.-Pétersb. 2, 81.
Richmond 1896 Proc. United States Nat. Mus. 18, 462.
Schäfer 1938 J. Orn. 86 (Sonderh.), 310.
Schäfer u. Meyer de Schauensee 1939 Proc. Acad. Nat. Sci. Philadelphia 40, 253.
Sillem 1934 Org. Cl. Nederl. Vogelk. 7, 20.
Stegmann 1932 J. Orn. 80, 100; 102.
Stoliczka 1868 J. Asiat. Soc. 1, 62.
Stresemann et al. 1937 J. Orn. 85, 478.
Walton 1906 Ibis (8) 6, 231.
Whistler 1923 Ibis (11) 5, 619.
Whistler 1925 Ibis (12) 1, 183.

Briefliche Auskunft erteilten Goodwin und Weigold (Tibet).

Montifringilla adamsi Adams

Adamsschneefink

Verwandtschaft und Gliederung

Mit hoher Wahrscheinlichkeit kann *M. adamsi* als Schwesterart von *M. nivalis* angesehen werden (vgl. das Kap. „Zur Verbreitung").

In dem ausgedehnten Gebiet haben sich nur zwei Unterarten herausgebildet. Den nördlichen Teil, und zwar das Burchan-Buddha-Gebirge und die Hochgebirgsketten nordwestlich des Kukunor, westlich bis zum Russki-Gebirge, besiedelt *xerophila* Stegmann, eine hellere, fahlere Form mit weniger deutlicher Rückenstreifung.

Zur Verbreitung

Um die räumlichen Beziehungen dieser Art zu *M. nivalis* zu verdeutlichen, ist in die Karte als punktierte Linie die ungefähre Grenze der Verbreitung von *M. n. alpicola* (s. str.), *M. n. kwenlunensis* und *M. n. henrici* eingefügt worden. Das Bild stützt die Vermutung, daß *adamsi* aus einem früheren geographischen Isolat der gemeinsamen Stammart, und zwar im himalayanischen Raum, hervorgegangen sein muß. Mit *M. n. alpicola* ist *adamsi* anscheinend noch streng allopatrisch, mit den beiden anderen Unterarten jedoch nicht. Die Gründe für dieses unterschiedliche Verhalten könnten in der oekologischen Zonierung der jeweiligen Gebirgssysteme liegen; in Tibet leben die beiden Arten jedenfalls in der Vertikalen scharf getrennt (s. das Kap. „Oekologie"). Dafür, daß sich *adamsi* erst nach *nivalis* über Tibet ausgebreitet hat, könnte auch (nach Stegmann 1932) die morphologische Gleichförmigkeit der dortigen Brutvögel sprechen, während die beiden Unterarten von *nivalis* sehr deutlich verschieden sind; vgl. auch das entsprechende Kapitel für *Prunella himalayana*.

Seinen Vorzugshabitaten folgend ist *M. adamsi* in Tibet kontinuierlicher verbreitet als *M. nivalis* (Schäfer 1938) und damit gewiß auch viel weiter als die Punkte zeigen. Die Lücke im besser erforschten Nepal läßt sich vorerst nicht erklären. Daß die Südgrenze so weit nördlich verläuft, obwohl geeignete Habitate gegeben sind, mag mit der zu großen Menge von Steigungsniederschlägen zusammenhängen.

Spezialkarte der Verbreitung in China bei Cheng (1958).

Oekologie

M. adamsi bewohnt Habitate, die in wesentlichen Merkmalen denen gleichen, die *M. nivalis* besetzt, vor allem dort, wo dieser fehlt. Soweit Nachrichten verfügbar sind, scheinen die beiden Arten streng zu vikariieren, und zwar entweder horizontal (allopatrisch) oder vertikal (sympatrisch). E. SCHÄFER (1938) schreibt: „*M. adamsi* lebt im hochtibetischen Steppenland und ist weder in der südlichen Waldzone noch auf den Hochgebirgen zu finden, denn er ist ein reiner Talfelsenvogel, dessen Verbreitungsgebiet auf den Gazellensteppen, bei Litang, beginnt und, nach Norden zu breiter werdend, sich über alle tiefen Taleinschnitte nördlich der Baumgrenze erstreckt. Auf Höhenlagen von 3900 bis 4000 m beginnend, geht der Vogel nirgends höher hinauf. Er bevölkert nur die von den Flüssen angeschnittenen Felsen in den tiefen Tälern und folgt den Steppenflüssen bis ins Quellgebiet des Jalung und bis Lager 119 am Jangtse hinauf. Auf den Hochlagen des Kiang- und Wildyaksteppengebietes wird dieser Schneefink durch *M. nivalis henrici* ersetzt und kommt auch in den Zwischenzonen nicht mit diesem zusammen vor."

M. adamsi lebt 500 bis 800 m tiefer als *nivalis*. Außerdem traf SCHÄFER „an manchen Stellen, wo tiefe Erosionsrunsen mit senkrechten Terrassen in die Steppenlandschaft eingeschnitten sind, . . . *M. adamsi* auch in den großen Talebenen an". — „Zur Nahrungsaufnahme fliegen die Vögel gemeinschaftlich in die Steppen hinauf, entfernen sich aber niemals weiter als 500 m von ihrem bevorzugten Lebensraum" (ibid.). Im westlichen Himalaya lebt *adamsi* zur Brutzeit an felsigen Hängen, oft in der Nähe von Bergdörfern; der Nahrung wegen sucht er feuchten Grund an Bergbächen oder Weideflächen mit Steinhaufen auf (WHISTLER 1923, OSMASTON 1925). Das sind genau die für *nivalis* bezeichnenden Habitate.

In Ladakh kommt *adamsi* von etwa 3500 m bis zur Schneegrenze in wenigstens 5200 m Höhe vor (OSMASTON 1925, MEINERTZHAGEN 1927, SILLEM 1935), auch in Sikkim zumindest von 3600 bis 5000 m (WALTON 1906, ALI 1962).

Nester des Adamsschneefinken wurden tief in Nischen und Spalten von Felsen, zumal solchen an Flußufern, unter Steinblöcken, nicht selten in Mauern (auf freiem Felde wie an Bauwerken), gelegentlich auch in Erdhöhlen von tiefen Erosionsrinnen gefunden. Die Brutzeit liegt überall zwischen der zweiten Maihälfte und Mitte August, selbst in Hochtibet, wo sie nach SCHÄFERS Angabe drei bis vier Wochen früher beginnt als bei *M. nivalis*. Funde frischer Gelege Ende Mai, Mitte Juni und Mitte Juli in Ladakh (OSMASTON 1925) deuten die Möglichkeit von Zweitbruten an.

Die sommerliche Vollmauser scheint nicht vor Ende Juli in Gang zu kommen (WHISTLER 1923).

Wanderungen

Wie *M. nivalis* ist auch *M. adamsi* dort, wo es die Nahrungsbedingungen gestatten, „ein ausgesprochener Standvogel, der auch im schneearmen, aber sehr kalten tibetischen Winter die felsigen Talböden nicht zu verlassen scheint" (SCHÄFER l. c.). Die ansehnlichen Scharen, die sich nach der Brutzeit zusammenfinden und winters zuweilen Tausende von Vögeln umfassen (LUDLOW 1928), weichen offenbar, wenn überhaupt, weniger weit nach unten aus als der nördlicher verbreitete *M. nivalis*. Große Flüge wurden im Dezember und im März in rund 4600 m (Sikkim; WALTON 1906) und 4400 m (Südost-Tibet; LUDLOW 1944), im Oktober bei 4000 m Höhe (Ladakh; HENDERSON und HUME 1873) angetroffen.

G. M.

IV

1974

Emberiza cioides Brandt

bearbeitet von

L. A. PORTENKO und J. STÜBS

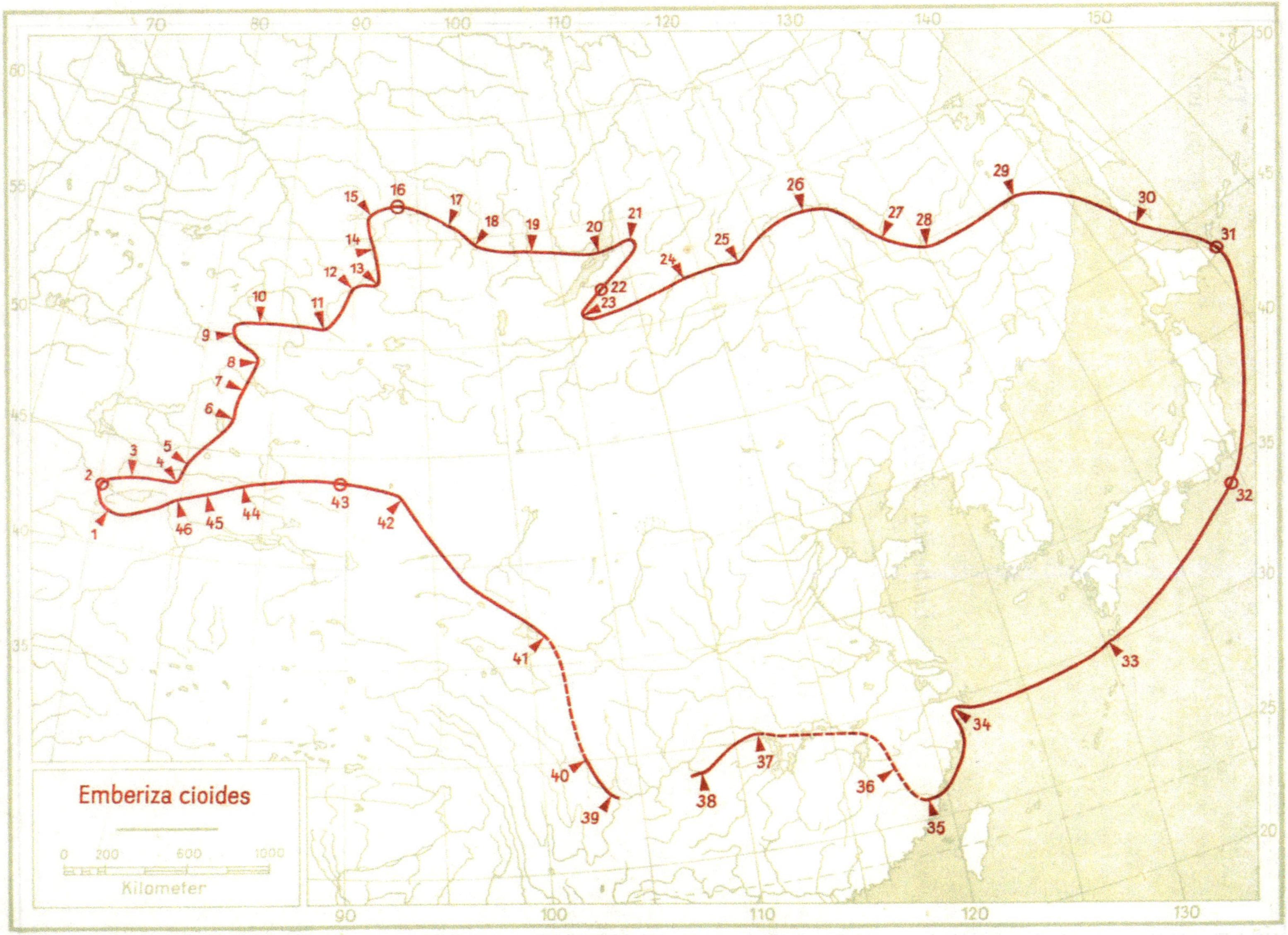
Emberiza cioides
0 200 600 1000
Kilometer

FUNDORTLISTE

Nr.	Fundort		Quelle
1.	Naryn	A	Schnitnikow 1949
o	Dshilandy	Js	Januschewitsch et al. 1960
2.	N-Hang d. E Kirgizskij-Gebirges	A	Januschewitsch et al. 1960
3.	Alma-Ata	A	Schnitnikow 1949
4.	Podgornoje (XII.)	As	Korelow 1956
5.	Panfilow (= Dsharkent)	A	Zarudnyj u. Korejew 1906, Schestoperow 1929
6.	Fluß Emel	A	Chachlow 1926
–	W Barlyk-Gebirge	A	Chachlow 1926
7.	Aksaut	B	Bibikow u. Korelow 1961
–	Fluß Karabuga	B	Bibikow u. Korelow 1961
8.	Kaindy	B	Coll. Zool. Inst. Leningrad (Portenko brfl. 1967)
9.	Unterlauf der Uba	B	Chachlow u. Selewin 1928
10.	Vorberge d. Zmeinogorskij-Altai	B	Selewin 1935
11.	Unterlauf des Tschulyschman	Bs	Sushkin 1938
12.	Taschtyp	Bs	Sushkin 1938
13.	Oznatschennoje	A	Suschkin 1914
o	Minusinsk	Nc	Nesterow 1909
14.	Bateni	A	Zalesskij 1921
15.	Pokrowskoje	A	Coll. Zool. Inst. Leningrad (Portenko brfl. 1967)
16.	Krasnojarsk ↓	Nc	Tugarinow u. Buturlin 1911
17.	Tumanschet	A	Gagina brfl. 1966
18.	Nishneudinsk	A	Coll. Zool. Inst. Leningrad (Portenko brfl. 1967)
19.	Ustj-Uda	A	Gagina brfl. 1966
20.	Kap Rytyj	As	Gusew 1962
21.	Argada ↓	Ac	Gusew 1962
22.	Fluß Selenga	B	Gagina 1958, 1961
–	Ulan-Ude	Ac	Gagina brfl. 1966
23.	Gusinoje-See	A	Coll. Zool. Inst. Leningrad (Portenko brfl. 1967)
24.	Tschita	B	Gagina 1961
25.	Sretensk	Jc	Stegmann 1931
26.	Dshalinda	Bc	Stegmann 1931
27.	Swobodnyj	Nc	Nejfeldt brfl. 1967
28.	Shelunda	A	Kistjakowskij u. Smogorshewskij 1964
29.	Komsomolsk	A	Raschkewitsch 1962
30.	Korsakow	A	Gizenko 1955
31.	Kunaschir	Jc	Bergman 1935, Netschajew 1969
32.	Sieben Inseln von Izu	N	Yamashina 1942
33.	Yakushima	B	Jahn 1942
34.	Kintang (= Chinhai)	A	Moore 1855
–	Ningpo	A	Coll. Zool. Mus. Berlin
35.	Foochow	Nc	La Touche 1900, 1927
36.	Kuatun	N	La Touche 1927
37.	Ichang	B	La Touche 1922
38.	Kao-Ku	A	Traylor 1967
39.	Lung An Su	A	Traylor 1967
o	Omei Shan	B	Jacobi 1923
40.	Nitou	A	Schäfer u. Meyer de Schauensee 1939
41.	Heitsuitse	Jc	Stresemann et al. 1937
42.	Chami	Ba	Prshewalskij Tagebuch (Portenko brfl. 1967)
43.	Bogdo-ola Gebirge	A	Ludlow u. Kinnear 1933
44.	Fluß Canma	A	Coll. Zool. Inst. Leningrad (Portenko brfl. 1967)
45.	Kök Terek	Bc	Ludlow u. Kinnear 1933
–	Köksu-Brücke	Bc	Ludlow u. Kinnear 1933
46.	Karakol Baschi (Paß Aschutor)	Ac	Keve u. Rokitansky 1966

Anmerkungen

Zu P. 16:

Möglicherweise brütet die Wiesenammer noch nördlicher als Krasnojarsk, denn nach Tugarinow und Buturlin ist sie dort noch häufig; in der Umgebung der Stadt findet in der zweiten Märzhälfte „regelmäßiger Zug“ statt, und außerdem machen die Autoren die (nicht näher belegte) Angabe, die Art gehe „anscheinend nicht nördlicher als Jeniseisk“.

Zu P. 21:

Für das nordöstliche Baikalgebiet gilt dasselbe wie für Krasnojarsk: im Barguzin-Tal und namentlich an den zur Argada abfallenden Ausläufern der Ikat-Kette brütet *cioides* sehr zahlreich, und im zeitigen Frühjahr wurde „diese Ammer in großer Menge auf dem Zuge entlang dem Nordostufer des Baikal vermerkt“ (Gusew 1962).

Zu P. 35:

La Touche (1927) vermutet Brutvorkommen „throughout the Kwangtung mountains“. Es ist unklar, worauf er diese Annahme gründet, es sei denn seine undatierte frühere Angabe (1892), *E. cioides* nahe Swatow (= Shantow) gesammelt zu haben. – Sharpe (1888) nennt einen Junifund von der Insel Amoy.

LITERATUR

Bergman 1935 — Nordostasiat. Vögel. Stockholm. 177.
Bibikow u. Korelow 1961 — Trudy Inst. Zool. Kazach. SSR 15, 31.
Chachlow 1926 — Izw. Tomsk. Uniw. 76, 6–7.
Chachlow u. Selewin 1928 — Uragus 3/2, 30.
Cheng 1958 — Chin. Birds. Peking. 2, 438.
Gagina 1958 — Zap. Irkutsk. obl. krajewed. Muz. 186.
Gagina 1961 — Trudy Barguzinsk. Zapow. 3, 112–113.
Gizenko 1955 — Pticy Sachalinsk. Obl. Moskwa. 246.
Gusew 1962 — Ornitologija 5, 157.
Iwanow 1969 — Pticy Pamiro-Alaja. Leningrad. 391.
Jacobi 1923 — Abh. Mus. Tierk. Völkerk. Dresden 16, 35.
Jahn 1942 — J. Orn. 90, 99.
Januschewitsch et al. 1960 — Pticy Kirgizii. Frunze. 2, 125.
Judin 1952 — Trudy Zool. Inst. Leningrad 9, 1033.
Keve u. Rokitansky 1966 — Ann. Naturh. Mus. Wien 69, 283.
Kistjakowskij u. Smogorshewskij 1964 — Doklady wyssch. schkoly, Biol. nauki 3, 26–27.
Kolthoff 1932 — Göteborg Vetensk. Handlingar. 5; Ser. B, 3/1, 50.
Kowscharj 1966 — Pticy Talassk. Alatau. Alma-Ata. 189.
Kozlowa 1930 — Pticy Zabajkalja, Sew. Mongolii i centr. Gobi. Leningr. 194.
Kozlova 1932 — Ibis (13) 2, 337.
Kozlova 1933 — Ibis (13) 3, 75.
Ludlow u. Kinnear 1933 — Ibis (13) 3, 673.
Moore 1855 — Proc. Zool. Soc. London 23, 215.
Nesterow 1909 — Trudy St. Petersb. Ob. Jestjest. 40/2, 128.

Netschajew 1969 — Pticy jushn. Kurilsk. ostrowow. Leningrad. 190.
Piechocki 1958 — Abh. Ber. Mus. Tierk. Dresden 24, 132.
Piechocki u. Bolod 1972 — Mitt. Zool. Mus. Berlin 48, 162.
Portenko 1960 — Pticy SSSR. Moskwa-Leningr. 4, 355.
Raschkewitsch 1962 — Geogr. Sib., Daln. Wost. 2, Biogeogr. 79.
Schäfer u. Meyer de Schauensee 1939 — Proc. Acad. Nat. Sci. Philadelphia 90, 258.
Schestoperow 1929 — Bull. Soc. Nat. Moscou 38, 165.
Schewtschenko 1949 — Zool. Sh. 28.
Schnitnikow 1949 — Pticy Semiretschja. Moskwa-Leningr. 401.
Selewin 1935 — Bjull. Sredneaziat. Uniw. 21/13, 121.
Sharpe 1888 — Cat. Birds Brit. Mus. London. 12, 544.
Stegmann 1931 — J. Orn. 79, 160.
Stresemann et al. 1937 — J. Orn. 85, 486.
Suschkin 1914 — Mat. Fauna Flora Ross. 13, 244.
Sushkin 1938 — Birds Soviet Altai. Moskwa-Leningr. 2, 84
La Touche 1892 — Ibis (6), 4 428.
La Touche 1900 — Ibis (7) 6, 38.
La Touche 1922 — Ibis (11) 4, 458.
Traylor 1967 — Fieldiana: Zool. 53, 62.
Tugarinow u. Buturlin 1911 — Mat. Vögel Jeniss. Gouv. Krasnojarsk. 115.
Worobjow 1954 — Pticy Ussurijsk. kraja. Moskwa. 188.
Wtorow 1969 — Ornitologija 6, 364–366.
Yamagishi 1970 — Misc. Rep. Yamashina Inst. Orn. 6, 103–130.
Yamashina 1929 — Tori 6 (28), 160.
Yamashina 1942 — Tori 11, 205.
Zalesskij 1921 — Anz. Tomsk. Orn. Ver. 1, 248.
Zarudnyj u. Korejew 1906 — Mat. Fauna Flora Ross. 7, 195.

Emberiza cioides Brandt

Wiesenammer

Verwandtschaft und Gliederung

Als nächste Verwandte dürfen *E. cia* und *E. godlewskii* gelten (s. a. im Kap. „Zur Verbreitung").

In dem weiträumigen Areal lassen sich 5 oder 6 Subspecies unterscheiden. Sibirien vom Altai bis Transbaikalien und die Mongolei bilden die Heimat der Nominatform; die Brutvögel von Nordost-Tsinghai sind um einen Schein düsterer gefärbt („*tangutorum* Meise"). *E. c. tarbagataica* Sushkin, blasser im frischen, oben etwas kräftiger gestreift im abgetragenen Kleid, schließt sich im Südwest-Altai an *cioides* an; ihr Gebiet umfaßt den Tarbagatai und den östlichen Tianschan (samt Bogdo-ola-Kette). Im östlichen Transbaikalien beginnt, möglicherweise durch intermediäre Populationen vermittelt, die Brutheimat von *E. c. weigoldi* Jacobi, die bis zum Norden Koreas und Nord-Hopeh reicht; ob auch Sachalin hinzuzuzählen ist, geben weder Gizenko (1955) noch Portenko (1960) an. Von der Nominatform unterscheidet sich *weigoldi* durch kürzere Flügel und sattere Färbung. Noch kleiner, durchweg etwas dunkler, im abgetragenen Gefieder weniger rötlich, und auf dem Rücken weniger kräftig gestreift ist *E. c. castaneiceps* Moore, die von Hopeh, wo vielleicht eine Übergangspopulation lebt, und Zentralkorea an bis Südchina vorkommt. Kunaschir und Japan bewohnt die am lebhaftesten gefärbte *E. c. ciopsis* Bonaparte; bei den Männchen dieser Unterart sind die Ohrdecken nicht kastanienfarben, sondern dunkelbraun und werden im abgeriebenen Zustand fast schwarz.

Zur Verbreitung

E. cioides ist, nach Lage und Gestalt des Areals zu schließen, etwa im Gebiet des heutigen Nordost-China, und zwar — sofern wir die Verwandtschaft recht deuten — als östliches Isolat jener Formenreihe entstanden, aus der in den innerasiatischen Felsengebirgen der Vorfahr von *cia* und *godlewskii* hervorging. Die letztere hat bei ihrer späteren Ausbreitung Japan und das Ussuri-Gebiet nicht erreicht; *cioides* ist indessen nach Westen vorgestoßen und lebt heute, unter anderen Umweltbindungen als jene, mit ihr (und *cia*) weithin sympatrisch. Die schmale Arealzunge im Tianschan scheint neueres Vordringen zu bezeugen.

In Japan ist die Wiesenammer ausgeprägt euryoek und so allenthalben häufig (Jahn 1942); das bewog zu großzügiger Linienführung an der Ostflanke. Schwierig ist hingegen der Verlauf der Südgrenze in China abzulesen. Südlich des Jangtse-kiang sind nur wenige Brutplätze bekannt, und nur im Osten (in Tschekiang und Nord-Fukien). Dennoch bildet der Strom wohl nirgends die Grenze, denn das Rote Becken von Szetschuan ist vielleicht ausgespart, während andererseits südlich davon, in den Bergen von Kweitschou, Brutvorkommen möglich erscheinen. Wie die Grenze zwischen den Punkten 40 und 42 wirklich zu ziehen wäre, läßt sich auch mit der (nur groben) Kenntnis der dortigen oekologischen Verknüpfungen nicht voraussagen. Über die Nordgrenze vgl. die Anmerkungen zu den Punkten 16 und 21.

Spezialkarten der Verbreitung im Semiretschje bei Schnitnikow (1949), in der Mongolei bei Piechocki und Bolod (1972) und in China bei Cheng (1958).

Oekologie

Emberiza cioides besiedelt weniger karge und vegetationsarme Landschaften als *cia* und *godlewskii*. Ihren angestammten Lebensraum bilden trockene steinige, mit Büschen und einzeln oder doch locker stehenden Bäumen bewachsene Hänge des Hügellandes und der niederen Berglagen. Dabei ist diese Ammer jedoch keineswegs streng an eine Habitatform gebunden. Erhebliche Abweichungen werden in den verschiedenen Arealteilen, aber auch innerhalb eines Gebietes deutlich. Derartiges berichtet JAHN (1942) aus Japan. „Sie ist ein charakteristischer Bewohner lichter Buschwälder, wie sie ja in Japan als Sekundärvegetation auf entwaldeten Hängen so häufig sind; sie fehlt aber auch nicht in den gleichfalls in niederen Höhenlagen so verbreiteten lichten Kiefernwäldern und ist vor allem überall in der Kulturlandschaft zuhause, besonders häufig dort, wo die Felder von kleinen Gehölzen durchbrochen sind. Sie fehlt daher nur in dichtem, geschlossenem Hochwald völlig und in den Gebirgswaldungen oberhalb etwa 1600 m in Mittelhondo. Ich traf die Art auch in reinen Bambusgrasflächen, die als Folge riesiger Waldbrände gelegentlich kilometerweit die Berghänge bedecken."

Im Altai wird *cioides* (außer in Stammhabitaten) auch in Waldnähe oder (im Nordosten) am Rande der Waldsteppe in offenem Hügelgelände mit hohen Stauden, Büschen und Lärchen angetroffen (SUSHKIN 1938), im Gebiet um Minusinsk hier und da auch an kleineren Waldinseln, in weniger dichter Taiga oder in gemischten Kieferngehölzen auf Sandboden (SUSCHKIN 1914), am Barguzin als dominierende Art in trockenen lichten Kiefernwäldern an mittelhohen Bergausläufern (GUSEW 1962). In der Mongolei dagegen, wo ihr meist nur buscharme steinige Hänge zu Gebote stehen, scheint sie reicher bewachsene, zumal bewaldete Plätze zu meiden (KOZLOWA 1930). Im Amurtal wiederum fand sie STEGMANN (1931) an laubwaldbestandenen Südhängen „in den parkartigen Wäldern nördlich des Flusses und sogar in den mit Zwergbirken bewachsenen Mooren". Von Kunaschir (P. 31), wo *cioides* nur einen kaum 1 km breiten Küstenstreifen besetzt, nennt NETSCHAJEW (1969) u. a. mit *Rosa* und *Elymus* bewachsene Sanddünen, Uferwände mit Sträuchern und Schlingpflanzen, aber auch mit *Rubus* und ähnlichen niedrigen Gewächsen bestandene Lichtungen. In Ostchina brüten Wiesenammern, LA TOUCHE (1927) zufolge, an spärlich bewaldeten oder buschigen Berghängen (Chihli, Kiangsu) und in Teepflanzungen (Fukien). In Szetschuan wohnen sie „in feuchtem Gelände mit Busch und Baum, auch am Waldrande" in niederen Lagen (JACOBI 1923), im Hsifan-Bergland allein in den tiefen Erosionstälern mit ausgeprägt subtropischer Fauna (SCHÄFER und MEYER DE SCHAUENSEE 1939).

Hinter dieser Vielfalt sind die wesentlichen, in allen Habitaten gleicherweise gegebenen Beziehungen nicht erkennbar; wir wissen nicht einmal, ob die nach Gegenden oft so verschiedene Habitatwahl vom Vogel getroffen oder vom jeweils engen Spektrum der Landschaftsformen aufgezwungen wird. Kaum deutbar sind die Beobachtungen von KOLTHOFF (1932) in der Gegend von Nanking: an Hügeln bei Chuchow halten sich die Wiesenammern in den Tälern und auf den kahlen Felskuppen auf, wogegen sie an den unweit gelegenen Hügeln von Chinkiang die Felsen meiden und nur im niederen Buschgürtel leben.

Die wenigen Höhenangaben lassen erkennen, daß *E. cioides* zwar im Norden bis zu 1200 m hoch vorkommt (Altai; SUSHKIN 1938), im Gegensatz zu vielen anderen Arten aber im Süden des Areals kaum höher verbreitet ist, nämlich bis zu 1500 m in Mittelchina (Taischan; PIECHOCKI 1958) wie in Fukien (LA TOUCHE 1927); am unteren Jang-tse-kiang brütet sie an Hügeln von unter 450 m Höhe (KOLTHOFF 1932). Für Szetschuan gibt JACOBI (1923) nur 1000 m als obere Grenze an. Allein im Tianschan ist die Art bis in 2000 m Höhe angetroffen worden (LUDLOW und KINNEAR 1933, JANUSCHEWITSCH et al. 1960).

Bei der schwachen Habitatbindung zur Brutzeit wird nicht sichtbar, in welchem Umfange mit dem jahreszeitlichen Ortswechsel ein Habitatwechsel einhergeht. Offensichtlich nur außerhalb der Brutzeit besuchte Plätze sind in der Mongolei mäßig dichter Busch- und Baumbestand (August; PIECHOCKI und BOLOD 1972), Äcker und buschbestandene Flußtäler oder einzelne Gebäude in Waldnähe (Winter; KOZLOWA 1930, KOZLOVA 1932), in Südsibirien die Nähe von Siedlungen, Wege und Tennen (TUGARINOW und BUTURLIN 1911). In der Senke des Issyk-kul überwintern zahlreiche Wiesenammern in ausgedehnten Uferdickichten von Sanddorn (*Hippophae rhamnoides*) und auf mit Bergsteppenvegetation und einzelnen Büschen bedeckten flachen Hügeln (WTOROW 1963).

Die Nester werden versteckt am Boden, oft niedrig in Stauden (vielerorts in *Artemisia*) oder Sträuchern, nicht selten bis 1,5, ja über 2 m hoch in Büschen oder kleinen Bäumen angelegt (cf. z. B. YAMAGISHI 1970).

In allen Arealteilen brüten die Wiesenammern zweimal jährlich. Die zweite Brut folgt der ersten zumindest im Norden so rasch, daß das neue Nest gebaut wird, kaum daß sich der Familienverband gelöst hat (YAMAGISHI 1970). Die Gelege der ersten Brut sind gewöhnlich Anfang Mai vollständig, im nördlichen Arealstreifen Mitte (TUGARINOW und BUTURLIN 1911, SUSCHKIN 1914) oder Ende des Monats (LA TOUCHE 1927, WOROBJOW 1954, NETSCHAJEW 1969), in Szetschuan ab Mitte April (JACOBI 1923). Etwa fünf Wochen später beginnen die Ammern mit der zweiten Brut. Auch regelrechte dritte Bruten scheinen öfters vorzukommen, worauf Beobachtungen von YAMAGISHI (1970) hinweisen. Späte Gelege sind jedenfalls nicht selten (s. z. B. KOZLOWA 1930, STRESEMANN et al. 1937, JUDIN 1952); die Jungen fliegen dann erst Anfang oder gar Ende August aus.

Die Mauser setzt bei den meisten Wiesenammern zwischen Ende Juli und Mitte August ein; um Mitte September ist sie beendet. Schon vorher, gewöhnlich ab Ende August, vereinen sich Einzelvögel und Familientrupps zu kleinen Verbänden.

Wanderungen

Das Wanderverhalten von *E. cioides* ist wenig erforscht. Gewiß ist bisher, daß die Bewegungen nicht über die Grenzen des Brutareals hinausführen und daß mehr oder minder große Anteile der Populationen im engeren Brutgebiet verbleiben, wo sie allenfalls Streifereien geringer Weite unternehmen. Das gilt auch für nördliche Gegenden mit strengen Wintern, so die Umgebung von Krasnojarsk (ca. 56° n. Br.; Tugarinow und Buturlin 1911, Judin 1952). Im südlichen Primorje sind die Ammern den ganzen Winter über anzutreffen (Worobjow 1954), und in Japan ist *cioides* Standvogel, außer im Norden und Westen, wo eine bleibende hohe Schneedecke zum Ausweichen über geringe Entfernungen zwingen kann (Jahn 1942); selbst auf Kunaschir (P. 31) harren einige aus (Netschajew 1969). Die Brutvögel der Gebirge suchen die untersten Höhenlagen auf (auch in Szetschuan von 760 m abwärts; Jacobi 1923). An günstigen Plätzen, zumal im Süden (vgl. KoltHoff 1932), scheinen die Brutvögel überhaupt an Ort und Stelle zu bleiben.

Wanderbewegungen (und Streifereien) wurden meist von September bis November und wieder ab Ende März bis gegen Ende April registriert (La Touche 1892, Kozlova 1933, Stresemann et al. 1937, Schnitnikow 1949, Netschajew 1969).

Welche Entfernungen wandernde Wiesenammern zurücklegen, wird fast nur indirekt ersichtlich. Einige Hinweise liefern Funde von Vögeln im Gebiet einer anderen Subspecies. So dringen viele *weigoldi* südwärts bis Zentralkorea und Mittelchina (Schensi, Tsingling-Gebirge) vor, und nach Kozlowa (1930) sollen Wiesenammern der gut 1600 km westlicher beheimateten Unterart *tarbagataica* (sic!) im mongolischen Kentej-Gebirge überwintern. Außerhalb des Artareals sind jedoch nur wenige Vorkommen gemeldet worden, nämlich auf der Kurileninsel Simuschir (Yamashina 1929), am Westrande des Tianschan (E Tschimkent; Kowscharj 1966), wahrscheinlich in Tadshikistan (bei Duschanbe; Iwanow 1969) und in Europa (England, Italien).

G. M.

IV

1974

Oenanthe moesta (Lichtenstein)

bearbeitet von

E. v. VIETINGHOFF-SCHEEL

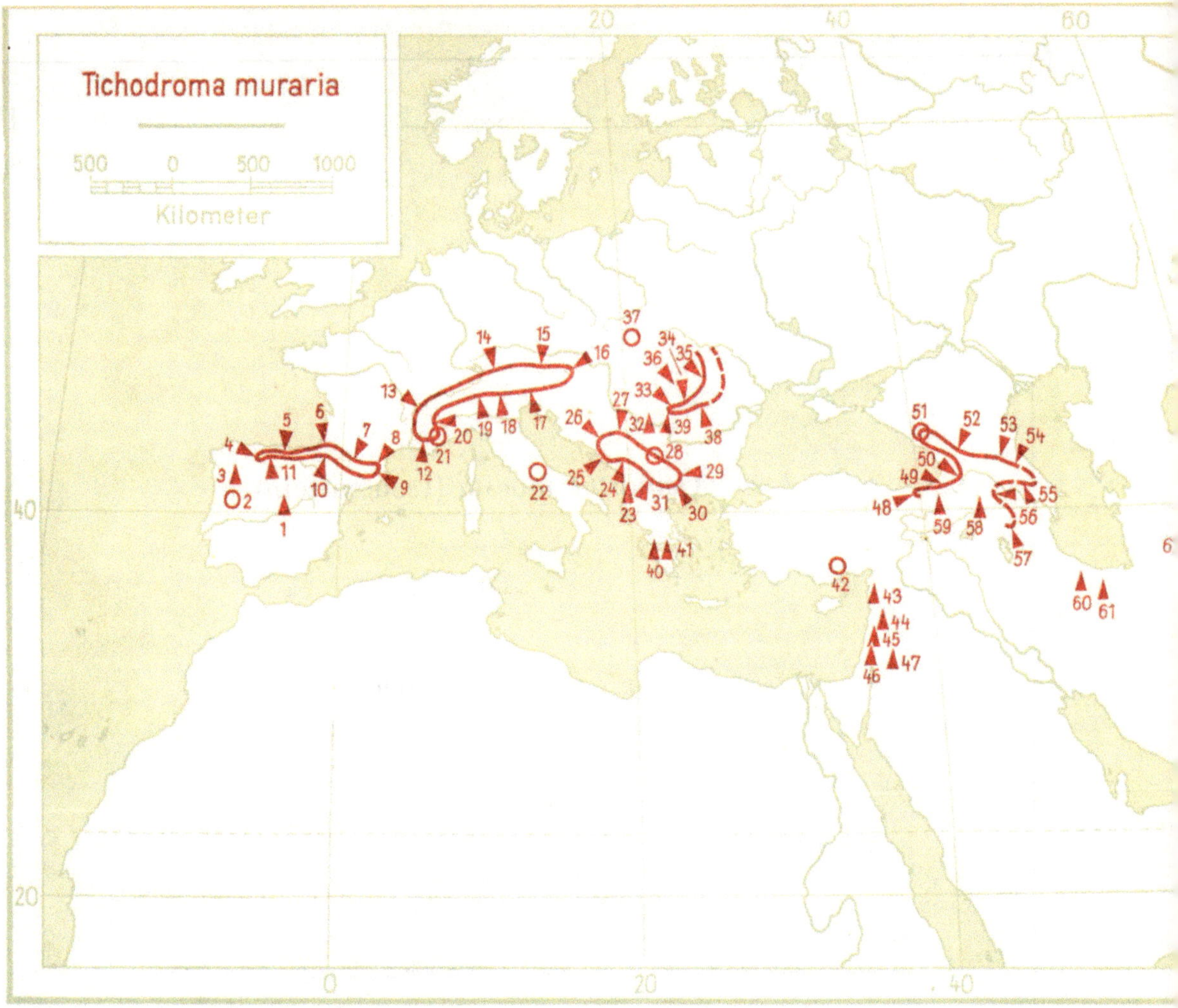

FUNDORTLISTE

1.	San Ildefonso (Sierra de Guaderamma)	Ac	LILFORD 1866
2.	Serre d'Estrella	B	TAIT 1887
–	Serre do Zorro (Coimbra)	B	TAIT 1887
3.	zw. Puebla de Tribes u. Orense	A	TAIT 1924
4.	Paß Pajares (6. V.)	A	TAIT 1924
5.	Gebirge bei Santander	A	BERNIS et al. 1955; BERNIS brfl. 1965
6.	Vierge (Biarritz; 29. I., 15. u. 20. XII.)		MAYAUD 1953
–	Pic de Lurien (Vallée d'Ossau)	A	MAYAUD 1943
7.	Puerto de la Banaigua (Val de Arau)	A	BERNIS et al. 1955; BERNIS brfl. 1965
8.	Mont Canigou	A	BACKHOUSE 1887
9.	Gebirge bei Gerona ↓	A	BERNIS et al. 1955
10.	zw. Burguete u. Orbaicete (Mitte IV.)	A	OLIVIER 1942
11.	Picos de Europa	J	JUSUÉ 1956 u. 1957
		B	DIETZ 1958
12.	Sainte-Baume (Dep. Var)	B	L'HERMITTE 1917
13.	La Balme ↓	B	CORTI 1961
14.	Füssen	B	CORTI 1959
15.	Traunstein	A	WATZINGER 1913
–	Katzenstein	A	WATZINGER 1913
–	zw. Enns u. Traun	A	STEINPARZ 1938
16.	Hohe Wand	Ns	REISER 1884
–	Eisenerz	A	CORTI 1959
17.	Veliki Lemisch (VIII.)	A	ANTONIUS 1929
18.	Rovereto	Bc	BONOMI 1884
19.	Brembana-Tal	B	ARRIGONI DEGLI ODDI 1901
20.	Vallée de l'Ubaye	B	CORTI 1961
21.	Dep. Alpes-Maritimes	B	CAZIOT 1923
22.	Murolungo (Monti Sirente Velino)	Bc	ROSSI 1947
–	Subiaco (23. X.)	s	ALEXANDER 1927
–	Massiv Maiella	As	VAUGHAN 1953

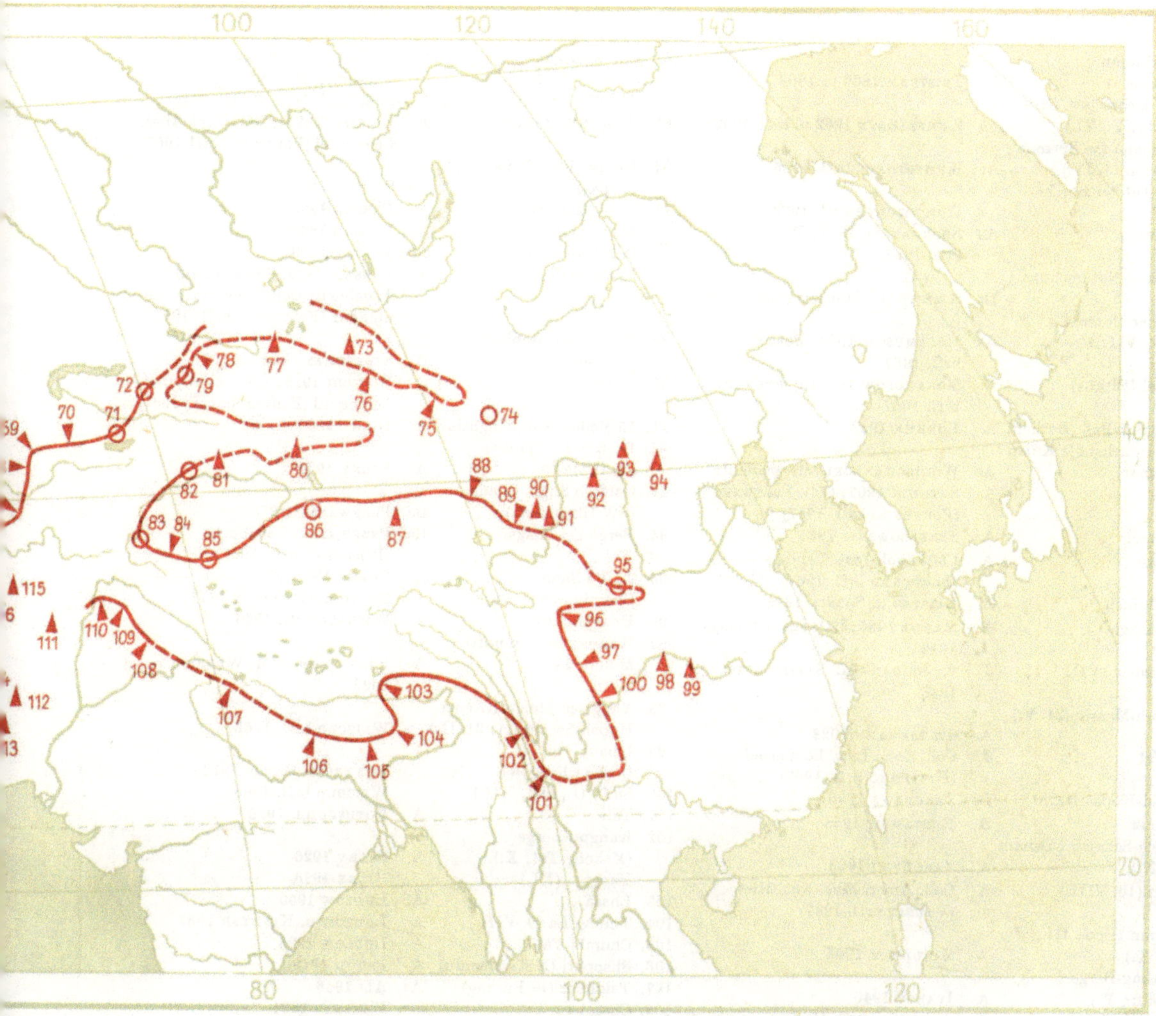

Nr.	Fundort			Quelle
23.	Lumi-Tirans-Schlucht (Tirana; Frühjahr)		A	KATTINGER 1960
24.	Rugowski-Klisur (Prokletije)		N	MATWEJEW 1950 u. brfl. 1967
–	Nikaj (= Nicay)		A	KLAPTOCZ 1911
25.	Bocche di Cattaro		Ns	ROHÁČEK 1917
26.	Cvrstnica-Planina		A	PICHLER 1906
27.	Rača-Schlucht		A	MATVEJEV brfl. 1966
28.	Mamju-Kamen (zw. Leskovac u. Vranja; 17. IX.)		A	GENGLER 1920
29.	Bistrica-Tal (Čepino)		A	REISER 1894
30.	N Sveti Vratch (= Sandanski; 2. V.)		As	HARRISON u. PATEFF 1937
31.	Babuna-Schlucht (12. V.)		A	MAKATSCH 1950
32.	Oravitz (= Oraviţa)	↓	Js	v. TSCHUSI u. v. DALLA TORRE 1887
33.	Fluß Streju (= Streiu)		A	CĂTUNEANU 1965
34.	Arpaşul-de-Jos		N	CATUNEANU 1965
35.	Békás-Paß		As	KEVE-KLEINER 1943
–	Remete (W Békás-Paß)		As	KOHL brfl. 1967
36.	Cetatea Ponorului	↓	B	CĂTUNEANU 1965
37.	Hohe Tatra	↓	N	GYÖRFFY 1957; HELMSTAEDT 1961
38.	Bucegi-Gebirge: Pestera-Grotte		Ns	BREHME 1962
39.	Fluß Riumare	↓	As	CONGREVE 1929
40.	Prassulaschlucht (Varassovo; 4. II.)		s	REISER 1905
41.	Parnaß	↓	Ns	REISER 1905
42.	Zebil (Bulgar Dagh)	↓	Ba	DANFORD 1878 u. 1880
43.	Harbiye (S Antiochia; 11. III.)		As	KUMERLOEVE brfl. 1966
44.	Orantes-Quelle (6. XI.)			KUMERLOEVE 1962
45.	Broumâna (= Brummana)		As	KUMERLOEVE 1962 u. brfl. 1966

Nr.	Fundort		Quelle
46.	Wadi Haman (Genesareth) ↓	B	Tristram 1866 u. 1868
47.	Djebel Druze (zw. Szra u. Souda; V., VI.)	As	Kumerloeve 1962 u. brfl. 1966
48.	Maryemana (= Surmela, S Trabzon; 1. IV.)	As	Kumerloeve brfl. 1966
49.	Coruh-Tal bei Borçka (20. XI.)	s	Kumerloeve brfl. 1966
50.	Abastuman	As	Shordanija 1962; Portenko brfl. 1967
51.	Kaukasus-Naturschutzgebiet	Bs	Awerin u. Nasimowitsch 1938
52.	Gletscher Bezengi (18., 24. VIII.)	As	Molamusow 1967; Portenko brfl. 1967
—	Irik-Tal (Elbrus)	Ns	Molamusow 1967; Portenko brfl. 1967
53.	Kerketskij-Paß (Botlich)	A	Boehme 1933
54.	Kazikumuchskoje Kojsu (Cudachar)	As	Woltschaneckij unveröffentl.
55.	Nucha	A	Satunin 1907; Coll. Portenko (Portenko brfl. 1967)
—	Sarybasch	As	Serebrowskij 1925
56.	Dilishan	A	Coll. Zool. Inst. Leningrad (Portenko brfl. 1967)
57.	Berg Sojuch	A	Laister u. Sosnin 1942
58.	Berg Aragac	A	Radde 1885; Laister u. Sosnin 1942
59.	Varsambeg (VIII.) ↓	J	v. Jordans u. Steinbacher 1948
60.	Pishkuh-Massiv (24. V.) ↓	As	Stresemann 1928
61.	Lar-Tal	J	Coll. Zool. Inst. Leningrad (Portenko brfl. 1967)
62.	Zentral-Kopet-Dagh	Bs	Zarudnyj 1896
63.	Duschak	B	Rustamow 1958
64.	Turbetj-Schejch-i-Dsham (IV., X.)	A	Zarudnyj 1903
—	Bardu (10. VIII.)	A	Coll. Amer. Mus. Nat. Hist. (Vaurie brfl. 1967)
65.	Ferimun (Ende III., Ende X.)		Zarudnyj 1903
66.	Kugitang-Berge (2. Hälfte V.)	A	Ivanov 1940
—	Artutsch (Gaza)	As	Abdusalamow 1964
67.	Mattscha	J	Ivanov 1940
—	Kschemysch-Tal	As	Coll. Zool. Inst. Leningrad (Portenko brfl. 1967)
68.	Berg Bolschoj-Schimgan	Bs	Korelow 1956
69.	Paß Kschi-Kaindy	J	Kowscharj 1966
70.	Karabalty	Ns	Spangenberg u. Dementieff 1935
71.	Transili-Alatau (Alma-Ata)	Ns	Stegmann 1954
72.	Dshungarskij-Alatau	A	Schnitnikow 1949
73.	Uljasutaj	B	Tugarinow 1929
74.	Dundu-sajchanj (Gurban-sajchanj)	A	Bianchi 1915
75.	Iche-bogdo	Nc	Kozlowa 1933; Coll. Zool. Inst. Leningrad (Portenko brfl. 1967)
76.	Fluß Urtiin-gol (See Beger-nur)	A	Tarasow 1960
77.	Kobdo (10. X.)	A	Coll. Zool. Inst. Leningrad (Portenko brfl. 1967)
78.	Oberlauf d. Kendyrlyk (Saur-Gebirge)	B	Sushkin 1938
79.	Dshair-Gebirge	A	Pleske 1889
80.	Luktschan (= Luktschin-kyr)	J	Pleske 1892; Coll. Zool. Inst. Leningrad (Portenko brfl. 1967)

Nr.	Fundort		Quelle
81.	Choragyn-gol	As	Pleske 1889; Przewalski Tagebuch (Portenko brfl. 1967)
82.	Aksu-Tal (8. X.)	A	Coll. Zool. Mus. Berlin
83.	Berge SW Jarkand	J	Kozlow 1899; Coll. Zool. Inst. Leningrad (Portenko brfl. 1967)
84.	Tadlik (Kichik Yailak; 18. IX.)	s	Scully 1876
85.	Keria-Gebirge	A	Pleske 1889
86.	Altyn-tagh	As	Pleske 1889
87.	Paß Kuku-usu	Js	Pleske 1899
88.	Matisse (IV.)	A	Pleske 1892; Przelwaski Tagebuch; Coll. Zool. Inst. Leningrad (Portenko brfl. 1967)
89.	Richthofen-Gebirge: Ho-nan-pa	B	Stresemann et al. 1937
90.	Jamata (W Dyn-juan-in)	B	Bianchi 1915; Coll. Zool. Inst. Leningrad (Portenko brfl. 1967)
91.	15 Meilen NW Ninghsia	A	Riley 1930
92.	Paotow (= Bautu; 22. III.)	A	Riley 1930
93.	Gebirge Suma-Chada (SW Ulanchada)	Ba	Przewalski 1876
94.	Berge bei Kalgan	Ba	Przewalski Tagebuch (Portenko brfl. 1967)
95.	Ta-Pa-Shan	A	Cheng 1962
—	Chensi (= Schensi)	A	David u. Oustalet 1877
96.	Hoanglungze	A	Weigold brfl. 1966
97.	Kwanshien (am mittl. Minho; IV.)	A	Kleinschmidt u. Weigold 1923
98.	Yangtseschlucht (Grenze Hupeh-Szechwan; 21. II.)	s	Weigold brfl. 1966
99.	Ichang (= I-tschang; II.) ↓		Thayer u. Bangs 1912
100.	Suifu (I., III., XII.)		Weigold brfl. 1966
101.	Tali	A	Rothschild 1926
102.	Kangpu-Berge (Mekong-Tal; X.)	A	Riley 1926
—	Yangtsa (XI.)		Riley 1926
103.	Lhasa	Ac	Ludlow 1950
104.	Tulung La (9. VIII.)	A	Ludlow u. Kinnear 1937
105.	Chumbi-Tal	A	Ludlow 1928
106.	Sheopuri (N Katmandu)	A	Proud 1949
107.	Taklakot (= Purang)	As	Ali 1946
108.	Chamba	Bc	Marshal 1884
109.	Tal von Kashmir	A	Meinertzhagen 1927
110.	Kaghan-Tal	A	Whitehead 1909
111.	Safed Koh	AJ	Whitehead 1909
112.	Quetta (Winter) ↓		Meinertzhagen 1920
113.	Kelat (Winter) ↓		St. John 1889
114.	Kandahar (Winter) ↓		St. John 1889
115.	Bamian (IX., X.)		Paludan 1959
116.	Band-i-Amir (IX., X.)		Paludan 1959

Anmerkungen

Zu P. 9:

Die Grenzziehung folgt einem Vorschlag von Bernis (briefl. 1965).

Zu P. 13:

Brütet im späten April und Mai, bei zeitigen Erstbruten folgt eine zweite Brut mitunter im Juni.

Zu P. 32:

Die Art wurde bereits fünf Tage später nicht mehr beobachtet und war im ganzen sehr selten.

Zu P. 36:

Im Gebiet des Gebirgszuges werden von Cătuneanu noch weitere Sommerfunde angeführt.

Zu P. 37:

Das einst mehrfach behauptete Brüten im sächsischen Elbsandsteingebirge ließ sich nicht nachweisen. Wohl aber wurden dort im Winter öfters (zumal zwischen 1878 und 1901) „immer ... nach Eintritt von Sturm und Rauhreif" einzelne Mauerläufer gesehen und zwar anscheinend nicht vor Mitte November (Heyder 1952). Die damalige Regelmäßigkeit spricht gegen Verdriftung.

Zu P. 39:

Congreves Angaben beruhen nur auf Mitteilungen von Gewährsleuten.

Zu P. 41:

Krüper erhielt das Nest von einem Sammler. — Nach Lindermayer soll der Mauerläufer bei Nauplia, Argos und Monemvasia vorgekommen sein (Reiser 1905).

Zu P. 42:

Bourne (1963) gibt über ein Dutzend Winterfunde für Cypern an; Elias (1970) fügt 11 weitere Nachweise in den südlichen Bergen der Insel zwischen November und März hinzu. Offenbar erscheint der Mauerläufer dort jedes Jahr. Die nördlichen Berge hat man noch nicht hinlänglich erforscht, doch hält Elias Brutvorkommen für unwahrscheinlich.

Zu P. 46:

In dem nicht sehr genau durchforschten Raum wurden, wenn auch im Winter, immer wieder einzelne Exemplare gesehen, was insgesamt wohl auf lokales Brüten hinweist. Deshalb wurden alle Funde eingetragen.

Zu P. 59:

Winterfunde im irakischen Kurdistan bei Rewanduz (Moore u. Boswell 1956) und bei Dohuk (hier nicht selten; Meinertzhagen 1924, Ticehurst 1926) lassen im Verein mit der Höhe der Berge Brutvorkommen weiter südlich (bis zur Grenze des Irak) erwarten. Wir haben deshalb den Grenzverlauf offen gelassen.

Zu P. 60:

In den südkaspischen Gebirgen ist der Mauerläufer offenbar sehr selten (vgl. Stresemann 1928). Im Zagross-Gebirge, für das ihn Sarudny (1911) als Standvogel aufführt, gilt zumindest das gleiche (Paludan 1938). Wir kennen nur einen Januarfund von Durud (Coll .Amer. Mus. Nat. Hist.; Vaurie brfl. 1967); eine Meldung von Ktesiphon bei Bagdad im Februar (Moore u. Boswell 1956) gibt keinen Anhalt.

Zu P. 99:

Funde außerhalb der Brutzeit sind aus den Provinzen Chihli (La Touche 1920, Wilder u. Hubbard 1924), Kiangsu (Gee, Moffett u. Wilder 1926—27), Anhwei (La Touche 1925, Fu Tung-Sheng 1937), Hupeh (Gee, Moffett u. Wilder 1926—27, Thayer u. Bangs 1912, Weigold brfl. 1966), Kiangsi (David u. Oustalet 1877, Cheng 1962), Fokien (David u. Oustalet 1877) und Kwangtung (La Touche 1892) gemeldet worden. Ob sie weite Wanderbewegungen oder näher gelegene Brutplätze andeuten, vermögen wir nicht zu entscheiden.

Zu P. 112:

Aus den Bergen bei Quetta sind nur Winterbeobachtungen zwischen dem 30. X. und dem 31. III. bekannt (Meinertzhagen 1920). Die Entfernung zu den nächsten möglichen (nicht erwiesenen) Brutplätzen in Südafghanistan beträgt mindestens 200 km. Der Mauerläufer kann zur Brutzeit der Beobachtung leicht entgehen; die Begleitfauna (z. B. *Pyrrhocorax pyrrhocorax, Monticola saxatilis*) läßt nicht sicher erkennen, ob er in jenen Bergen zusagende Bedingungen vorfände.

Zu P. 113 u. 114:

St. John (1889) nennt *Tichodroma* einen gewöhnlichen Wintergast in Südafghanistan um Kandahar und in der Provinz Kelat. Nach allen Erfahrungen über das Ausmaß der Wanderbewegungen darf man Brutvorkommen in den dortigen (bis 3800 und 3000 m hohen) Gebirgen eher annehmen als gehäuften Zug über 200 bis 600 km.

LITERATUR

Abdusalamow 1964 — Pticy gorn. Zerawschana. Duschanbe. 156.
Alexander 1927 — Ibis (12) 3, 667.
Ali 1946 — J. Bombay Nat. Hist. Soc. 46, 297.
Antonius 1929 — Zool. Garten 2, 36.
Arrigoni degli Oddi 1901 — Zoologist (4) 52, 9.
Awerin u. Nasimowitsch 1938 — Trudy Kawkaz. Zapow. 1, 23.
Backhouse 1887 — Ibis (5) 5, 70.
Bates u. Lowther 1952 — Breeding Birds Kashmir. London. 46—48.
Bernis et al. 1955 — Ardeola 2, 2.
Bianchi 1915 — Ann. Mus. Zool. Petrograd 20, 37.
Boehme 1933 — Nachr. 2. nordkaukas. päd. Inst. 141.
Bonomi 1884 — Progr. Ginnas. Rovereto 1881—83, 22.
Bourne 1963 — Cyprus Orn. Soc. Bull. 15, 18—45.
Brehme 1962 — Wiss. Z. Univ. Greifswald 11, Math.-nat. Reihe 1/2, 45.
Cătuneanu 1965 — Trav. Mus. Hist. Nat. „Grigore Antipa" Bukarest. 5, 235—274.
Caziot 1923 — Rev. franç. Orn. 8, 230.
Chartschenko 1965 — Ornitologija 7, 494
Cheng 1958 — List Chin. Birds. Peking. 2. 355.
Cheng 1962 — Acta Zool. Sinica 14/3, 371.
Congreve 1929 — Ibis (12) 5, 459.
Corti 1959 — Brutvögel deutsch-österr. Alpenzone. Chur. 190, 200.
Corti 1961 — Brutvögel franz., ital. Alpenzone. Chur. 234; 236; 237.
Danford 1878 — Ibis (4) 2, 12.
Danford 1880 — Ibis (4) 4, 88.
David u. Oustalet 1877 — Ois. Chine. Paris. 89.
Dieselhorst 1968 — Khumbu Himal. Innsbruck-München. 2. 353—355.
Dietz 1958 — Anz. Orn. Ges. Bayern 5, 33.
Elias 1970 — Brit. Birds 63, 393.
Fu 1937 — Ois. Ho-Nan. Langres. 101.

Gee, Moffett u. Wilder 1926–27 Peking Soc. Nat. Hist. Bull. 1, 323.

Gengler 1920 Balkanvögel. Altenburg-Leipzig. 35, 96.

Glutz von Blotzheim 1962 Brutvögel Schweiz. Aarau. 521.

Györffy 1957 Aquila 63–64, 351.

Harrison u. Pateff 1937 Ibis (14) 1, 601.

Hauri 1970 Orn. Beob. 67, 14–34.

Helmstaedt 1961 J. Orn. 102, 312.

Hendersen u. Hume 1873 Lahore to Yarkand. London.

L'Hermitte 1917 Rev. franç. Orn. 5, 198.

Heyder 1952 Vögel Landes Sachsen. Leipzig. 168.

Ingram 1926 Birds Riviera. High Holborn. 27.

Ivanov 1940 Oiseaux Tadjikistan. Moscou-Leningrad. 193.

Iwanow 1969 Pticy Pamiro-Alaja. Leningrad. 228.

St. John Ibis (6) 1, 159.

v. Jordans u. Steinbacher 1948 Senckenbergiana 28, 168.

Jusué 1956 Ardeola 3, 55.

Jusué 1957 Ardeola 3, 305.

Kattinger 1960 Larus 12–13, 154.

Keve-Kleiner 1943 Fragm. Faun. Hungar. 6/1, 30.

Klaptocz 1911 Orn. Jb. 22, 47.

Kleinschmidt u. Weigold 1923 Abh. Mus. Tierk. Völkerk. Dresden 15/3, 8.

Klíma 1959 Sylvia 16, 30.

Kollibay 1904 J. Orn. 52, 468.

Korelow 1956 Prir. i chozj. usl. Bostandyka. Alma-Ata. 296.

Kowscharj 1965 Ornitologija 7, 475

Kowscharj 1966 Pticy Talassk. Alatau. Alma-Ata. 216.

Kozlow 1899 Ann. Mus. Zool. St.-Pétersb. 4, 273.

Kozlowa 1930 Pticy Zabajkalja, Sew. Mongolii i centr. Gobi. Leningrad. 220.

Kozlova 1933 Ibis (13) 3, 302.

Kumerloeve 1962 Iraq Nat. Hist. Mus. Publ. 20 u. 21, 18.

Laister u. Sosnin 1942 Ornis Armeniaca. Erewan. 302.

Lilford 1866 Ibis 2, 391.

Löhrl 1964 J. Orn. 105, 168.

Löhrl 1967 J. Orn. 108, 165–186.

Ludlow 1928 Ibis (12) 4, 62.

Ludlow 1950 Ibis 52, 37.

Ludlow u. Kinnear 1937 Ibis (14) 1, 251.

Makatsch 1950 Vogelwelt Maced. Leipzig. 143.

Marshal 1884 Ibis (5) 2, 411.

Martens 1971 Vogelwarte 26, 127.

Maštrović 1942 Vögel Küstenland Kroatiens. Zagreb. 1, 149.

Matwejew 1950 Ornithogeographia Serbica. Beograd. 174.

Mayaud 1943 L'Oiseau 13, 44.

Meier 1952 Orn. Beob. 49, 31.

Meinertzhagen 1920 Ibis (11) 2, 148.

Meinertzhagen 1924 Ibis (11) 6, 612.

Meinertzhagen 1927 Ibis (12) 3, 409.

Meinertzhagen 1935 Ibis (13) 5, 129.

Molamusow 1967 Pticy centr. Sew. Kawkaza. Naltschik. 5.

Moore u. Boswell 1956 Iraq Nat. Hist. Mus. Publ. 10, 175.

Mountfort 1971 Brit. Birds 64, 378.

Olivier 1942 L'Oiseau 12, 22.

Paludan 1938 J. Orn. 86, 582.

Paludan 1959 Vidensk. Medd. Dansk. nat. hist. Foren. 122, 252.

Pichler 1906 Orn. Mschr. 31, 464.

Pleske 1889 Aves Przewalskianae. St.-Pétersb. 2, 179.

Pleske 1892 Mélang. Biol. Bull. Acad. Sci. St.-Pétersb. 13, 286.

Portenko 1964 Pticy SSSR. Moskwa-Leningrad. 3, 129.

Proud 1949 J. Bombay Nat. Hist. Soc. 48, 701.

Przewalski 1876 Mongolei u. Land Tanguten. St.-Pétersb. 2, 30.

Radde 1885 Ornis Caucas. Kassel. 239.

Rand u. Fleming 1957 Fieldiana: Zool. 41/1, 121.

Reiser 1884 Mitt. Orn. Ver. Wien. 8, 173.

Reiser 1894 Ornis Balcan. Wien. 2, 63.

Reiser 1905 Ornis Balcan. Wien. 3, 186.

Riley 1926 Proc. United States Nat. Mus. 70/5, 51.

Riley 1930 Proc. United States Nat. Mus. 77/15, 23.

Roháček 1917 Orn. Jb. 28, 119.

Rossi 1947 Riv. Ital. Orn. 17, 123.

Rothschild 1926 Novit. Zool. 33, 317.

Rucner 1959 Larus 11, 64.

Rustamow 1958 Pticy Turkmenistana. Aschchabad. 2, 219.

Sarudny 1911 J. Orn. 59, 218.

Satunin 1907 Mat. ptic Kawkaz. kraja. Tiflis. 37.

Schäfer 1938 J. Orn. 86 (S.-H.), 285.

Schenk 1917 Aves Fauna Regni Hungar. Budapest. 79.

Schnitnikow 1949 Pticy Semiretschja. Leningrad. 441.

Scully 1876 Stray Feathers 4, 136.

Serebrowskij 1925 Mém. Soc. Nat. Moscou 18/2, 17.

Shordanija 1962 Ornitofauna Mal. Kawkaza. Gruzin. SSR. Tbilisi. 211.

Spangenberg u. Dementjeff 1935 Alauda 3, 344.

Stegman 1954 Trudy Leningr. Ob. Jestest. 72/4, 272.

Steinparz 1938 Vogelring 10, 102.

Stoliczka 1875 Stray Feathers 3, 217.

Stresemann 1928 J. Orn. 76, 364.

Stresemann et al. 1937 J. Orn. 85, 511.

Sushkin 1938 Birds Soviet Altai. Moskwa-Leningr. 2, 123.

Tait 1887 Ibis (5) 5, 184.

Tait 1924 Birds Portugal. High Holborn. 64.

Tarasow 1960 Biol. sborn. Protiw. inst. Sib., Daln. Wost. Irkutsk. 175.

Thayer u. Bangs 1912 Mem. Mus. Comp. Zool. Harvard 40/14, 187.

Ticehurst et al. 1926 J. Bombay Nat. Hist. Soc. 31, 98.

La Touche 1892 Ibis (6) 4, 409.

La Touche 1920 Ibis (11) 2, 644.

La Touche 1925 Handb. Birds East China. London. 1, 42.

Tristram 1866 Ibis 2, 284.

Tristram 1868 Ibis 4, 327.

v. Tschusi u. v. Dalla Torre 1887 Ornis 3, 131.

Tugarinow 1929 Mat. Comm. Mongole 3, 204; 219.

Vásárhelyi 1957 Aquila 63–64, 346.

Vaurie 1957 Amer. Mus. Novit. 1854/29, 6–8.

Watzinger 1913 Orn. Jb. 24, 8.

Whistler 1926 Ibis (12) 2, 547.

Whistler 1930 Ibis (12) 6, 83.

Whitehead 1909 Ibis (9) 3, 116.

Wilder u. Hubbard 1924 J. North China Branch Asiat. Soc. 60, 181.

Wojinstwenskij 1954 in: Pticy Sow. Sojuza. Moskwa. 5, 696–699.

Wüst 1962 Anz. Orn. Ges. Bayern 6, 343.

Zarudnyj 1896 Mat. Fauna Flora Ross. 2, 188.

Zarudnyj 1903 Oiseaux Perse orient. St.-Pétersb. 303.

Briefliche Auskünfte erteilten: Bernis, Castroviejo (Spanien), Kohl, Papadopol (Rumänien), Kumerloeve (Libanon), Kroneisl-Rucner, Matvejev (Jugoslawien), Vaurie (Iran), Weigold (Tibet), Mendelssohn (Israel), Keve (Ungarn).

Tichodroma muraria (L.)

Mauerläufer

Verwandtschaft und Gliederung

Die verwandtschaftliche Stellung der monotypischen Gattung *Tichodroma* war nicht leicht zu erkennen; die Besonderheiten von Lebensweise und Körperbau schienen sie ziemlich eindeutig in die Nähe von *Certhia* zu verweisen. Heute führt man sie in einer eigenen Unterfamilie bei den Kleibern (Sittidae); zur Begründung vgl. VAURIE (1957) und LÖHRL (1964).

Obwohl der Mauerläufer ein riesiges Gebiet besiedelt, noch dazu anscheinend stets in geringer Dichte, und obwohl er keine weiten horizontalen Wanderungen, die die Durchmischung des Erbgutes fördern könnten, zu unternehmen pflegt, läßt er doch keine reiche Gliederung erkennen; die beiden Subspecies sind nur geringfügig verschieden, und mehrere Autoren behandeln die Art als monotypisch. Die Grenze zwischen der Nominatform und der östlichen Unterart *nepalensis* Bonaparte, die ein wenig längere Flügel hat, etwas dunkler, oben mehr bläulichgrau ist und oft größere weiße Flecke auf Schwingen und Schwanz hat, liegt im östlichen Iran (Chorassan). PORTENKO (1954) gliedert die Art weiter in vier Subspecies auf.

Zur Verbreitung

Die Entstehung von *Tichodroma* ist nur in felsigen Gebirgslandschaften wärmerer Breiten denkbar; als Heimat darf wohl das südasiatische Hochgebirgssystem gelten. Das heutige Verbreitungsbild, das zumal in den Randbezirken der umgrenzten Gebiete noch stärker zerrissen ist als die Karte wiedergeben kann, erklärt sich zwanglos aus den oekologischen Ansprüchen. Besonders im zentralen und östlichen Asien zeigt die von uns versuchte Grenzführung weithin die Ungewißheit über den eigentlichen Verlauf. Wie weit *Tichodroma* als (vielleicht sporadischer) Brutvogel in China nach Osten und Südosten vorgedrungen ist, können wir nach den verfügbaren Nachrichten nicht abschätzen (vgl. die Anmerkung zu P. 99); in mehreren Gebirgen erscheinen Brutvorkommen möglich (s. die Punkte 92, 98 und 99). Die zwischen den Punkten 89 und 102 gezogene Linie schließt das Gebiet ein, aus dem zahlreiche Funde bekannt wurden, und folgt im übrigen etwa dem Saum der höheren Gebirge; sie ist gerade hier (wie auch zwischen den Punkten 72 und 81 und im südlichen Afghanistan) in hohem Grade hypothetisch. Auch in Vorderasien dürfte die Karte eher die Lücken in unserer Kenntnis als die im Areal widerspiegeln. Da der Mauerläufer anscheinend etwas regelmäßiger und weiter wandert als meist angenommen, lassen sich Winterfunde in Bergmassiven fern dem bekannten Brutareal (so im Zagross, bei Quetta und in Ostchina) vorläufig nur mit Vorbehalt deuten; vergl. die Anm. zu den Punkten 60, 99 und 112 bis 114 und das Kap. „Wanderungen".

Spezialkarten der Verbreitung in Frankreich in Ois. France (1966), in Spanien bei BERNIS et al. (1955), in Rumänien bei CĂTUNEANU (1965), im Semiretschje bei SCHNITNIKOW (1949), in der Mongolei bei PIECHOCKI u. BOLOD (1972) und in China bei CHENG (1958).

Oekologie

Die Lebensräume des Mauerläufers müssen offensichtlich drei Grundbedingungen erfüllen, und zwar verlangt er Hänge und Felswände, an denen tragende Aufwinde emporgleiten (vgl. LÖHRL 1967), feine Ritzen und Spalten im Gestein, die ihm von anderen Arten nicht genutzte Nahrung (vornehmlich Insekten und Spinnen) sichern, und Höhlen für die Brut. Diese Bedingungen sind fast nur in Hochgebirgslandschaften vereint, nämlich in hochgelegenen Tälern und Schluchten mit steilen, fast lotrechten, ja überhängenden Felswänden, Steinblöcken und Geröll; zur Nahrungssuche werden auch Kieswände, sanft geneigte Schotterhalden, Moränen und Bachgeröll, nicht aber Pflanzenwuchs angeflogen. Die Habitate sind also vielerorts dieselben, die auch *Montifringilla nivalis* und *Prunella collaris* bewohnen, aber auf ganz andere Weise nutzen.

Günstig erscheinenden Felsgebieten in geringer Meereshöhe bleibt der Mauerläufer meist fern; in Tibet aber besiedelt er stark zerklüftete Kalkfelsen auch dann, wenn sie mitten in den Hochsteppen liegen (SCHÄFER 1938). Seinen Ansprüchen gemäß brütet er in alpinen Höhenlagen, oft bis in die Nähe der Schneegrenze hinauf, und zwar in der Schweiz von 1000 bis 2950 m, vereinzelt aber auch viel niedriger, bis zu 350 m herab (GÉROUDET in GLUTZ VON BLOTZHEIM 1962), in der Hohen Tatra von 1500 bis 2600 m (KLÍMA 1959), aber selbst in den südeuropäischen Gebirgen manchmal unter 1000 m (so bei P. 24; MATVEJEV 1950), im Kaukasus von 1200 bis 3350 m (WOJINSTWENSKIJ 1954, LAISTER und SOSNIN 1942), im nordwestlichen Tianschan von 2500 bis über 4000 m (SCHNITNIKOW 1949), im Pamir von 3000 (gelegentlich niedriger) bis 4700 m (IWANOW 1969), im Himalaya wie in Tibet von 3300 bis gegen 5000 m (SCHÄFER 1938, BATES und LOWTHER 1952, ALI 1962, DIESSELHORST 1968). Die größten Höhen betreffen gewöhnlich Beobachtungen im Spätsommer (vgl. das Kapitel „Wanderungen") oder auch Vögel, die sich von Aufwinden zur Nahrungssuche viel höher tragen lassen als sie brüten (vgl. LÖHRL 1967).

Außerhalb der Brutgebiete suchen Mauerläufer Stellen ähnlicher Art wie dort auf. Wo sie, nach Wanderbewegungen oder Verdriftung, solche nicht finden, nehmen sie Aufenthaltsorte an, die nicht alle Merkmale der typischen Habitate anbieten: im Flachland von Mittelasien steile Lößhänge der Flußtäler (SCHNITNIKOW 1949, IWANOW 1969), ähnlich am Asowschen Meer (CHARTSCHENKO 1965), in Europa Küstenklippen und wohl überall große Steinbrüche oder hohe Gebäude mit großen, gegliederten Wänden, zumal auf Hügeln errichtete Schlösser, aber auch Kirchtürme u. ä. in Großstädten (z. B. Hamburg, Bern, Lausanne, Debrecen, Delhi). Sogar Holzwände werden gelegentlich abgesucht, sei es von Berghütten und

Zäunen (GÉROUDET l. c.) oder selbst an einem Hausboot (Kaschmir; BATES u. LOWTHER 1952). Auch in höheren Lagen finden sich Mauerläufer gern an Häusern ein, deren wärmere Wände viele Insekten anlocken.

Als Nistorte spielen menschliche Bauten in allen Arealteilen eine Rolle. Das Nest wird dann in Mauerspalten oder in dunklen Hohlräumen unter dem Dach angelegt. Gewöhnlich findet es sich in engen Felsritzen hoch in steilen Wänden oder zwischen Steinblöcken, oft nahe fließendem Wasser. Mit der Brut beginnen die Mauerläufer häufig bereits in der zweiten Maihälfte, selbst auf den Höhen des Gobischen Altai (KOZLOWA 1930), meist aber erst im Juni. Ende Juli, auch in großen Höhen nur wenig später, sind die letzten Jungen ausgeflogen. Regelrechte zweite Bruten scheinen nicht vorzukommen.

Eine Mauser, die das gesamte Gefieder ergreift, setzt bald nach der Brutperiode, frühestens aber Ende Juli ein und ist meist im September abgeschlossen.

Wanderungen

Obwohl der Mauerläufer ziemlich unwirtliche Lebensräume bewohnt, nur von Insekten und Spinnentieren lebt und nur einmal jährlich brütet, ist er doch kein eigentlicher Zugvogel, der in großer Zahl über weite Strecken in günstige Gebiete ausweicht. Die hier versuchte Analyse des Wanderverhaltens muß sich, da Ringfunde nicht zur Verfügung stehen, allein auf Beobachtungen stützen, die über horizontale Entfernungen oft nur bedingten Aufschluß erteilen.

Nach der Brutzeit, wenn sich die Familien aufgelöst haben, meist im August, begeben sich viele dieser Vögel zunächst aufwärts bis in die höchsten noch zuträglichen Lagen, die Gletscherzone, so in Nepal bis Mitte September in 3800 bis 5000 m (DIESSELHORST 1968); ein Jungvogel wurde Ende Juli in Ladakh gar in 6400 m Höhe erlegt (MEINERTZHAGEN 1927).

Der Winteraufenthalt ist anscheinend in allen Populationen gleich uneinheitlich: ein Teil rückt vor dem Einbruch ungünstigen Wetters in die mittleren und tieferen Lagen (1000 bis 4000 m talwärts), wobei manche Vögel auch (von sich aus oder verdriftet) gewisse horizontale Strecken überwinden; der andere Teil verbleibt in den Bruthabitaten, vielleicht sogar in der Nähe des Brutplatzes selbst, auch in großen Höhen (z. B. Februarfunde in der Schweiz in 1800 bis 3200 m Höhe; HAURI 1970), und wird oft durch Nahrungsmangel nach unten, nicht selten bis in die Tallagen abgedrängt. Die niedrigsten Winterfunde liegen sogar im Himalaya bei 500 m und darunter (RAND und FLEMING 1957, ALI 1962). Heftige Schneefälle können auch im Frühling noch Ausweichbewegungen erzwingen; KOWSCHARJ (1965) sah Anfang April Mauerläufer in beträchtlicher Zahl in einem Dorfe zwischen den Vorbergen des Talass-Alatau erscheinen.

Wie weit Mauerläufer innerhalb der Gebirgssysteme horizontal umherziehen, ist nicht erkennbar. GÉROUDET (l. c.) vermutet in der Schweiz eine Wandertendenz nach West und Süd, die freilich von den ungerichteten Ortsbewegungen überdeckt werde. Die besondere Flugweise setzt *Tichodroma* in hohem Maße der Verdriftung aus; das erschwert die Bewertung der nicht sehr seltenen Fernfunde, die aus vielen Gebieten gemeldet wurden.

Vom europäischen Areal aus führten solche Flüge nordwärts bis England (seit 1792 etwa acht Nachweise) und Finnland, südwärts bis Marokko, Algerien und Malta. Ähnlich entfernte Vorkommen in Asien sind schwerer nachweisbar, doch erwähnen HENDERSON und HUME (1873) Funde in den indischen Zentralprovinzen, IWANOW (1969) sah einen am unteren Wachsch, und aus der Turkmenischen SSR nennt RUSTAMOW (1958) winterliche Vorkommen im Badchyz, an den Flüssen Kuschka, Murgab und am mittleren Amu-darja; in China wurden einzelne Vögel bis in die östlichen Provinzen (s. die Anmerkung zu P. 99), ja bis zum Golf von Chihli (LA TOUCHE 1920) festgestellt.

Viele Angaben belegen, daß neben den alljährlichen vertikalen Bewegungen und den zufälligen Verdriftungen auch regelmäßige horizontale Wanderungen, freilich meist geringen Ausmaßes, unternommen werden. Ihr Ziel sind (unabhängig von der Himmelsrichtung) die den Hochgebirgen vorgelagerten mittleren Erhebungen mit Felslandschaften. Als solche Winterherbergen haben, von den unmittelbar am Fuße der Massive gelegenen Vorbergen abgesehen, beispielsweise zu gelten der schweizerische Jura (GÉROUDET l. c.), das Berner Mittelland (HAURI 1970), die Berge der Riviera (INGRAM 1926) wie überhaupt ein schmaler Gürtel rings um die Alpen, das Bükk-Gebirge und das Gerecse-Gebirge in Nordungarn (SÁGHY 1955, AGÁRDI 1955, VÁSÁRHELYI 1957), die felsigen Küstengebirge Jugoslawiens (KOLLIBAY 1904, MAŠTROVIĆ 1942, RUCNER 1959), die kurdischen Berge (s. die Anmerkung zu P. 59; MEINERTZHAGEN 1924, TICEHURST 1926), das Hügelland am mittleren Ili (SCHNITNIKOW 1949), die Berge um Samarkand (IWANOW 1969), das Gebiet von Kaschgar (STOLICZKA 1875), die Bergländer in Kelat und um Kandahar (ST. JOHN 1889), die Bezirke von Rawalpindi (WHISTLER 1930) und Kangra (WHISTLER 1926) und westlich des Indus wenigstens die Samana-Berge (WHITEHEAD 1909). Diese Wanderungen erstrecken sich zumeist über Entfernungen von 50 bis 100 km Luftlinie; nach den Winterplätzen bei Lahore (HENDERSON und HUME 1873, MOUNTFORT 1971) und Amritsar (WHISTLER 1941) müssen die Mauerläufer wenigstens 150 km, nach dem Salt Range (MOUNTFORT 1971) und der Fränkischen Schweiz (WÜST 1962) gut 200 km über ungeeignetes Gelände zurücklegen.

Wahrscheinlich tritt *Tichodroma* also überall in einer mäßig breiten Randzone der Hochgebirge (in Ungarn auch in den Ebenen) als Wintergast auf, in kleiner Zahl zwar, aber zu regelmäßig, als daß Verdriftung die Ursache sein könnte; auch die Hinweise HAURIS (1970) auf unmittelbar beobachteten Überlandflug und auf Winterortstreue einzelner Mauerläufer deuten darauf.

Entferntere Ziele werden selten angesteuert, so das Elbsandsteingebirge in Sachsen (s. die Anmerkung zu P. 37), etwa 500 km von den nächsten Brutplätzen gelegen, und die steile Lößküste des Asowschen Meeres bei Jejsk (CHARTSCHENKO 1965) in über 300 km Abstand vom Kaukasus. Vielleicht darf auch Cypern hierzu gestellt werden (s. die Anmerkung zu P. 42). Die Wintervorkommen bei Quetta und in Kelat aber sind vielleicht, wie zu den Punkten 112 und 113 angemerkt, anders zu deuten.

Die Zeiten, zu denen Mauerläufer wandern, lassen für das ganze Gebiet Regelhaftigkeiten erkennen, die ebenfalls auf echten Zug von Populationsteilen hinweisen. Allerdings ist dieser Anteil nicht bedeutend, denn Mauerläufer beanspruchen zu allen Jahreszeiten große Reviere, und die vorgelagerten Bergländer können meist nur wenige Wintervögel aufnehmen.

Der zeitliche Ablauf vollzieht sich, nach Angaben von Agárdi (1955), Hauri (1970), Heyder (1952), Vásárhelyi (1957), Maštrović (1942), Elias (1970), Ticehurst et al. (1926), Iwanow (1969), Meinertzhagen (1920 und 1927), Whistler (1926 und 1930), Diesselhorst (1968), Martens (1971) und anderen, überall grundsätzlich gleich. Die im August eingeleitete bergwärtige Wanderung wird Ende September wieder umgekehrt. Im Oktober setzen die horizontalen Bewegungen ein; bis Mitte November pflegen dann die Winterplätze bezogen zu sein, und zwar unabhängig von der Wetterlage. Ab Ende März werden sie allmählich geräumt. Im April sind viele Brutreviere wieder besetzt, und manche Vögel treten dann schon in bedeutenden Höhen auf (so bei 4500 m in der Schweiz; Meier 1952).

G. M.

IV

1974

Prunella collaris (Scopoli)

bearbeitet von

L. A. PORTENKO und E. v. VIETINGHOFF-SCHEEL

Nr.	Fundort		Quelle
19.	25 km E Ghardaia	A	Coll. Amer. Mus. Nat. Hist. (Vaurie brfl. 1967)
–	zw. Ghardaia u. Oued N'ca	B	Heim de Balsac 1926
–	zw. Laghouat u. Ghardaia	Bc	Heim de Balsac 1926
20.	„Daia“ (= Monts de Daia)	Bs	Heim de Balsac 1926
–	Tibrem	Ac	Gurney 1871
21.	N Laghouat	Nc	Heim de Balsac 1926
–	zw. Zeia u. Metili (X.)	As	Ticehurst u. Whistler 1938
22.	Djelfa	N	Heim de Balsac 1926
–	Ain el'Ibel	A	Tristram 1859
		Ns	Heim de Balsac 1926
23.	Ain-Oussera	A	Heim de Balsac 1926
24.	Tamerna Djedida	Bc	Hartert 1933
25.	Mraier (7. IV.)	A	Hilgert 1908
–	Bordj Chegga (25. III.)	A	Coll. Amer. Mus. Nat. Hist. (Vaurie brfl. 1967)
		A	Koenig 1895
		Nc	Heim de Balsac 1926
26.	Biskra (III.)	As	Hartert 1933
–	Sidi Okba (E Biskra; III., IV., X.)	A	Coll. Amer. Mus. Nat. Hist. (Vaurie brfl. 1967)
27.	Barika (II.)	As	Payn 1948
28.	zw. Batna u. Elkantara	As	Taczanowski 1870
29.	Constantine		Coll. Zool. Mus. Berlin
–	Oglet-Alima	Ns	Whitaker 1898
30.	Tamerza (15. IV.)	A	Lavauden 1924
–	Ras el-Aioum	Ns	Whitaker 1898
–	Oglet-Zelles	A	Whitaker 1905
31.	E Tozeur	Asa	Bannerman 1927
32.	Fedjedj (3. III.)	A	Coll. Amer. Mus. Nat. Hist. (Vaurie brfl. 1967)
33.	Gafsa	Ac	Whitaker 1894
			v. Zedlitz 1909
–	Bled Thalah	A	Heim de Balsac 1924
34.	Mezzouna (V.)	A	Lavauden 1924
		Asa	Bannerman 1927
		J	Jourdain 1928
35.	zw. Source des Trois Palmiers u. Maharès	AJs	Whitaker 1898
o	S Sfax (22. III.)	A	Coll. Amer. Mus. Nat. Hist. (Vaurie brfl. 1967)
–	Skira (6. XI.)	A	Hilgert 1908
–	Qued Nachla (S Gabes)	A	v. Erlanger 1899; Coll. Amer. Mus. Nat. Hist. (Vaurie brfl. 1967)
36.	Ketena	J	Coll. Zool. Mus. Berlin

Nr.	Fundort		Quelle
37.	Tatahouin	Aa	v. Erlanger 1899
o	Gur-el-Graf (31. I.)	A	Hilgert 1908
38.	Oued Noukhla	J	Hilgert 1908
39.	Djeneien (28. IV.)	A	Lavauden 1924
–	Sanger	A	v. Erlanger 1899
40.	Nalut	A	Moltoni 1937
41.	Giado (= Jado)	A	Moltoni 1937
42.	Rumia	AJc	Moltoni 1935
–	Jefren (I.)	A	Toschi 1947
43.	Tauorga (= Taworgha)	A	Moltoni 1937
44.	Bir Nugdia	Js	Moltoni 1938
45.	El Agheila	Ac	Ghigi 1931
46.	El Dab'a	Ac	Meinertzhagen 1930
47.	Agedabia	Ac	Ghigi 1931
48.	Soluk	AJ	Stanford 1954
–	Sheleidima	A	Coll. Amer. Mus. Nat. Hist. (Vaurie brfl. 1967)
49.	10 Meilen S Benghazi	Ac	Stanford 1954
50.	zw. Charruba u. Gerdes	Ac	Stanford 1954
51.	Maraua (=Marawa; 15. I.)	A	Toschi 1947
52.	zw. Slouta u. Tanamlu	Ac	Stanford 1954
53.	Derna	AJc	Stanford 1954
–	Martuba	Ac	Stanford 1954
54.	Tmini	Ac	Stanford 1954
–	Umm er Rzem	Ac	Stanford 1954
55.	Bir Habas	AJc	Stanford 1954
56.	Sollum (I.)	A	Meinertzhagen 1922
57.	Mersa Matruh	Na	Meinertzhagen 1930
58.	zw. Hamam u. Gassr Eschtaebi (X.)	A	Stresemann 1954
59.	El Tor (XII., I.)	A	Meinertzhagen 1930
60.	15 Meilen S El Arish	Na	Meinertzhagen 1930
61.	Abu Muélah (4. IV.)	A	v. Heyden 1899
62.	SE Nizzana	As	Mendelssohn brfl. 1967
63.	S Moladah (E Beersheba)	Ac	Tristram 1867
–	Beersheba (2. II.)	A	Coll. Amer. Mus. Nat. Hist. (Vaurie brfl. 1967)
64.	Wadi Sirhan	A	Meinertzhagen 1954
65.	150 Meilen SE des Toten Meeres (8. II.)	A	Carruthers 1910
66.	El Bukea (28. III.)	A	Coll. Amer. Mus. Nat. Hist. (Vaurie brfl. 1967)
67.	NW Dera (VIII.)	A	Kattinger brfl. 1966
68.	Dj. Hauran (= Druze)	A	Kattinger brfl. 1966
69.	40 Meilen E Damascus (X.)	Ac	Meinertzhagen 1922
70.	Kuryatein (= Karietein)	AJ	Sclater 1906
71.	El Jid (30. X.)	A	Meinertzhagen 1923
72.	Rutbah Wells (30.–31. X.)	Ac	Meinertzhagen 1924

LITERATUR

Bannerman 1927 — Ibis (12) 3, (Suppl.), 145.
Bannerman 1953 — Ibis 95, 132.
Bannerman u. Priestley 1952 — Ibis 94, 660; 672.
Brosset 1956 — Alauda 24, 197.
Brosset 1961 — Trav. Inst. Sci. Chérifien, Sér. Zool., 22, 19; 22; 73.
Carruthers 1910 — Ibis (9) 4, 486.
v. Erlanger 1899 — J. Orn. 47, 235.
Ghigi 1931 — Ann. Mus. Nat. Genova 55, 282.
Gurney 1871 — Ibis (3) 1, 79.
Hartert 1927 — Novit. Zool. 34, 48.
Hartert 1928 — Novit. Zool. 34, 345–346.
Hartert 1933 — Novit. Zool. 38, 332.
Heim de Balsac 1924 — Rev. franç. Orn. 8, 390.
Heim de Balsac 1926 — Mém. Soc. Hist. Nat. Afr. Nord. 1, 69.
Heim de Balsac 1928 — Rev. franç. Orn. 12, 280.
Heim de Balsac 1932 — Alauda 4, 100.
Heim de Balsac 1954 — Alauda 22, 171.
Heim de Balsac u. Mayaud 1962 — Oiseaux Nord-Ouest Afrique. Paris. 288.
v. Heyden 1899 — D. Entom. Zschr. 1 u. 2, 245.
Hilgert 1908 — Kat. Coll. Erlanger. Berlin. 231.
Jourdain 1928 — Beitr. Fortpfl.-Biol. Vögel 4, 84.

FUNDORTLISTE

1. Imililik	As	Valverde 1957	
2. Seguiat	Js	Valverde 1957	
3. Dora	As	Valverde 1957	
4. Cap Juby	A	Heim de Balsac u. Mayaud 1962 (fide Naurois)	
5. Dra	A	Heim de Balsac u. Mayaud 1962 (fide Naurois)	
– zw. Aoreora u. Cap Dra	Bc	Heim de Balsac 1954	
6. Goulimine	J	Bannerman 1953	
7. Tiznit	Jc	Lynes 1925	
	A	Meinertzhagen 1939	
	A	Bannerman 1953	
8. Agadir	J	Lynes 1925	
9. Tazenakht (= Tasenacht)	A	Smith 1965	

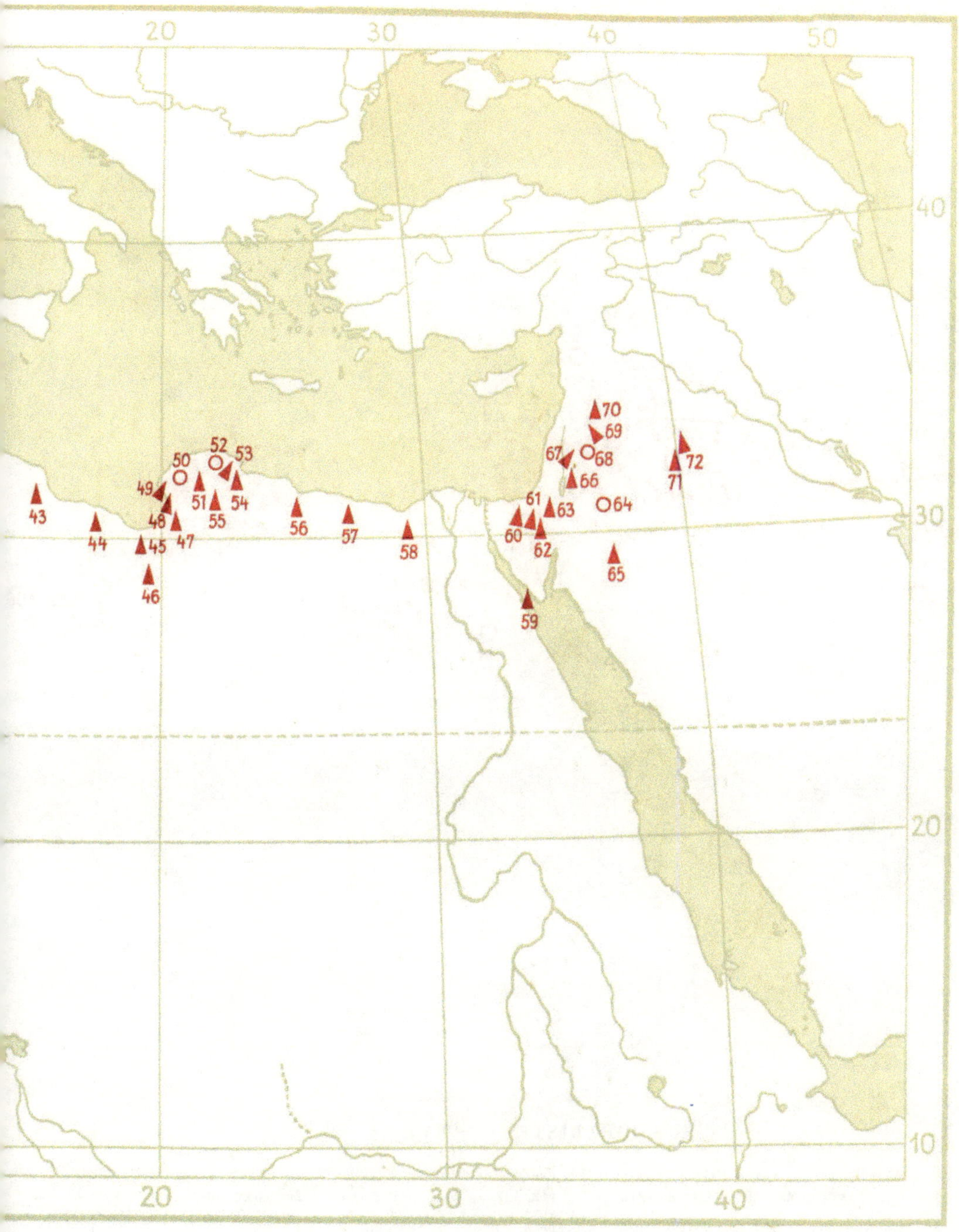

10. Boumalne (S Tinerhir)	A Bannerman u. Priestley 1952
	N Smith 1965
— zw. Boumalne u. Jebel Sarhro	A Smith 1965
11. Missour (12. III.)	As Hartert 1927
(2. III.)	A Coll. Amer. Mus. Nat. Hist. (Vaurie brfl. 1967)
12. Guercif	J Hartert 1928

13. Plaine de Tamlelt	A Smith 1965
— Bouarfa	Na Smith 1965
14. Tendrara (I.)	A Brosset 1961
15. Berguent	Bc Brosset 1956
16. Figuig	Ac Brosset 1961
17. Ain Sefra	A Hartert 1928
18. zw. Ain Sefra u. Mecheria	N Heim de Balsac 1928; 1932

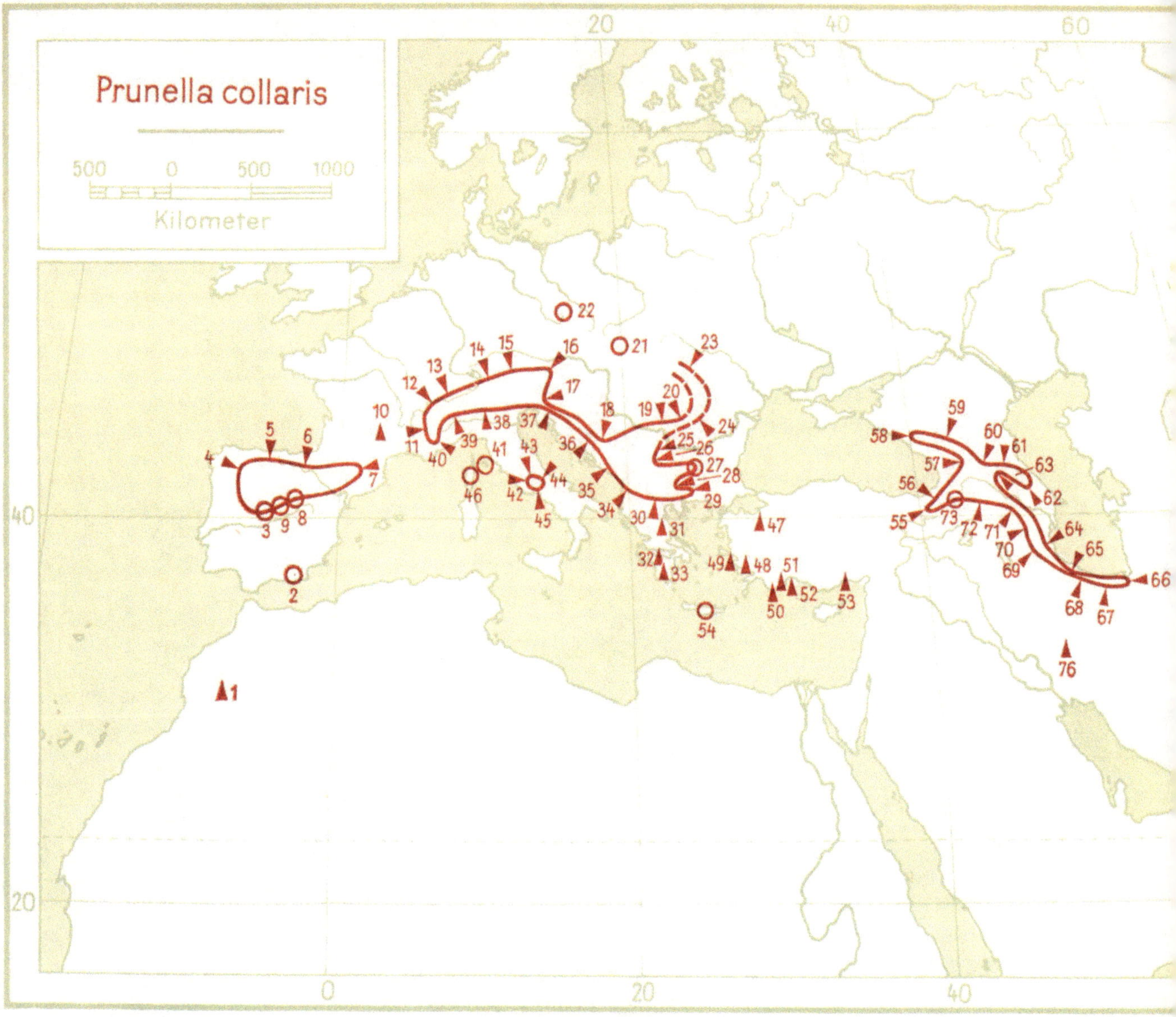

FUNDORTLISTE

Nr.	Fundort			Quelle
1.	Berg Toubkal	↓	A	Heim de Balsac 1948
2.	Sierra Nevada		A	Niethammer 1957; Lynes 1912
3.	Circo de Almanzor (W Serra de Gredos)	↓	N	Witherby 1928
4.	Vilarello de Donis (2. I.)	↓		Castroviejo brfl. 1966
5.	Picos de Europa (12. V.)		Aa	Bernis brfl. 1965
6.	La Puebla		As	Mertens u. Stehle 1960
7.	Mt. Louis		N	Ticehurst u. Whistler 1927
8.	Sierra de Ocejón (25. VIII.)		A	Bernis brfl. 1965
9.	Peñalara		B	Bernis 1954
10.	Puy de Sancy (Monts Dore)		As	Meylan 1933
11.	Villard-de-Lan		As	Corti 1961
12.	Colombier de Gex (12. V.)		A	Géroudet 1960
13.	Freiburger Voralpen		B	Glutz von Blotzheim 1962
14.	Berg Grünten		J	Corti 1959
15.	Breitenstein		Bs	Müller 1922
16.	Schneeberg		B	Tomek 1939; Bauer brfl. 1965
17.	Berg Grintovec (= Grintouc; Steinalpen)		A	Matvejev brfl. 1966
18.	Bijelašnica (Sarajevo; 20. VIII.)		A	Reiser 1939
19.	Retyezát-Gebirge		As	Congreve 1935
			Js	v. Tschusi u. v. Dalla Torre 1889
20.	Zibins-Gebirge		A	Zimmermann 1920

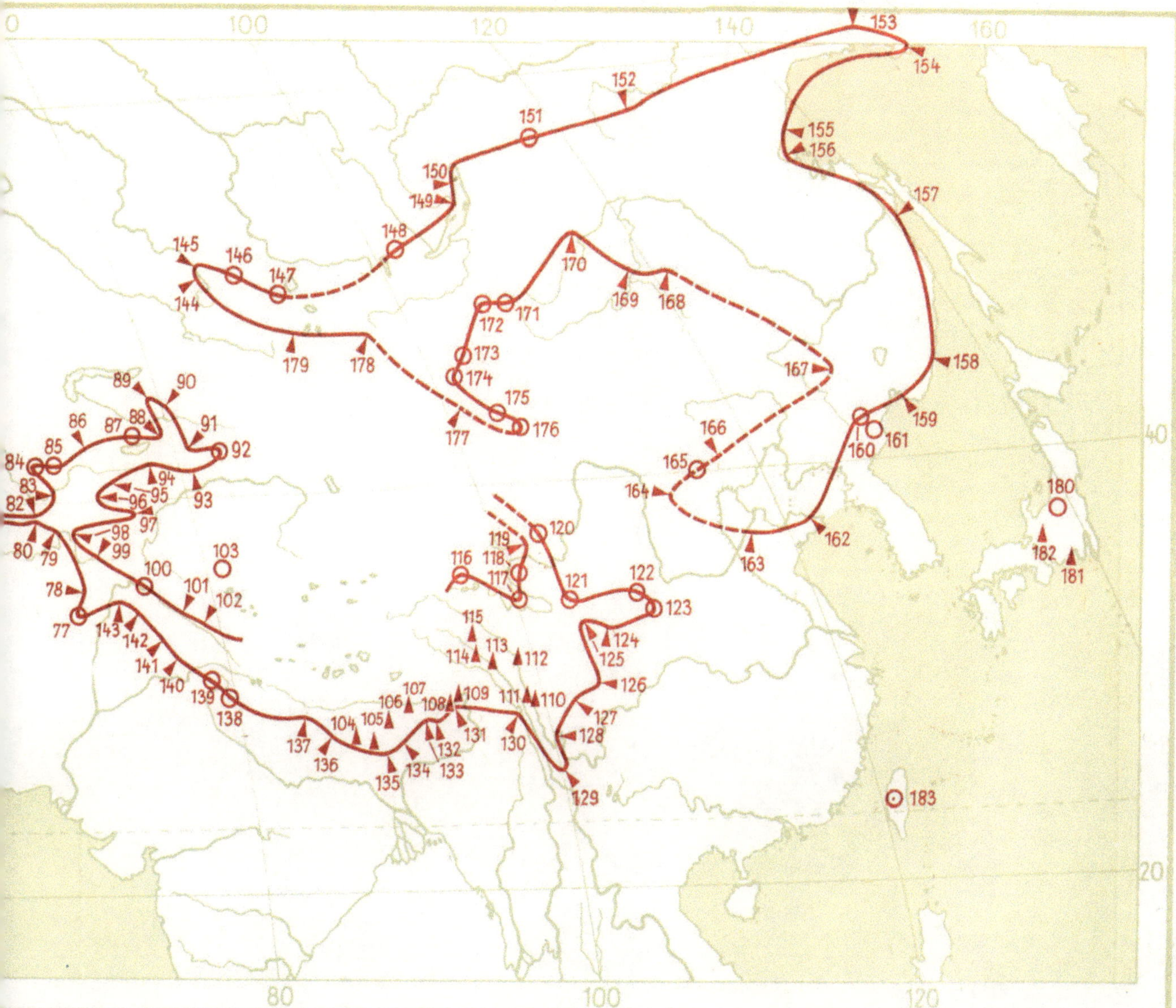

–	Negoi-Gebirge	Ja	v. Führer 1904
21.	Hohe Tatra	Ac	Helmstaedt 1961
o	Altvater-Gebirge (Frühling)	As	Balát mdl.
22.	Riesengebirge: Schneekoppe ↓	Js	Mayhoff 1923
23.	Rachow-Massiv	Na	Strautman 1954
24.	Bucegi-Gebirge	Ac	Brehme 1962
25.	Stara Planina (22. V.)	A	Matvejev 1955
26.	Trem (Suva Planina)	Bc	Reiser 1939
–	Totschila	J	Matvejev 1950
27.	Karlovo- u. Kalofer-Balkan	Ac	Reiser 1894
–	„Krivjanici“	Ns	Reiser 1894
–	Musala	Nc	Reiser 1894

–	Belabandza	J	Reiser 1894
28.	Berg Vihren (= El Tepe; Ende IX.)	A	Dyrcz 1963
–	Banderitza-Tal	As	Rensch 1934; v. Jordans 1940
29.	Berg Karlak (= Karlyk) ↓	A	Reiser 1894
30.	Kajmakčalan	N	Makatsch 1950
31.	Olymp	J	Peus 1957
32.	Vardusia	Aa	Reiser 1905
33.	Berg Chelmos	J	Reiser 1905; Niethammer 1943
34.	Kruja (20. I.)		Kattinger 1960
35.	Berg Orjen	As	Reiser 1939
36.	Tušnica planina (21. V.)	A	Reiser 1939
37.	Berg Snežnik	J	Matvejev brfl. 1966

KOENIG 1895 J. Orn. 43, 376.
LAVAUDEN 1924 Oiseaux Tunisie. Paris. 115.
LYNES 1925 Mém. Soc. Sci. Nat. Maroc 13, 51.
MEINERTZHAGEN 1922 Ibis (11) 4, 18.
MEINERTZHAGEN 1923 Bull. Brit. Orn. Cl. 43, 147.
MEINERTZHAGEN 1924 Ibis (11) 6, 96.
MEINERTZHAGEN 1930 Nicoll's Birds Egypt. London. 1, 275.
MEINERTZHAGEN 1939 Bull. Brit. Orn. Cl. 59, 67.
MEINERTZHAGEN 1954 Birds Arabia. Edinburgh-London. 248.
MOLTONI 1935 Riv. Ital. Orn. 5, 162.
MOLTONI 1937 Riv. Sci. Nat. „Natura" 28, 177.
MOLTONI 1938 Riv. Ital. Orn. 8, 122.
PAYN 1948 Ibis 90, 12.
SCLATER 1906 Ibis (8) 6, 311.
SMITH 1965 Ibis 107, 520.
STANFORD 1954 Ibis 96, 610.
STRESEMANN 1954 Abh. Akad. Wiss. Berlin. Kl. Math.-nat. 1, 173.
TACZANOWSKI 1870 J. Orn. 18, 47.
TICEHURST u. WHISTLER 1938 Ibis (14) 2, 739.
TOSCHI 1947 Riv. Ital. Orn. 17, 17.
TRISTRAM 1859 Ibis 1, 299.
TRISTRAM 1867 Ibis 3 (n. S.), 93.
VALVERDE 1957 Aves Sahara Español. Madrid. 285.
WHITAKER 1894 Ibis (6) 6, 86.
WHITAKER 1898 Ibis (7) 4, 129.
WHITAKER 1905 Birds Tunesia. London. 1, 42—48.
v. ZEDLITZ 1909 J. Orn. 57, 130.

Briefliche Auskünfte erteilten: VAURIE (Nordafrika, Israel), KATTINGER (Syrien), MENDELSSOHN (Israel).

Oenanthe moesta Lichtenstein

Rotbürzelschmätzer

Verwandtschaft und Gliederung

Wegen der in der Gattung ungewöhnlichen roströtlichen Tönung an Bürzel und Schwanzwurzel halten einige Autoren die allopatrischen Arten *Oe. xanthoprymna* und *Oe. moesta* für Glieder einer Superspecies oder gar für artgleich.

Den afrikanischen Arealteil nimmt *Oe. m. moesta* ein, den vorderasiatischen, vom Sinai an ostwärts, die mit etwas kräftigerem Schnabel ausgestattete, im männlichen Kleide weniger tief schwarze, im weiblichen nicht so roströtliche Form *brooksbanki* Meinertzhagen.

Zur Verbreitung

Das Kartenbild zeigt die Verbreitung eines streng an die Bedingungen der Wüstenrandzone angepaßten Vogels, dessen Urheimat im nordsaharischen Raum zu suchen ist. Die noch sporadische Durchforschung jener Gebiete macht im Verein mit der stellenweise relativ bedeutenden Vorkommensdichte (HEIM DE BALSAC und MAYAUD 1962), aber auch mit der Ungewißheit über das Zugverhalten der lokalen Populationen (vgl. die Zeitangaben in der Fundortliste) sehr wahrscheinlich, daß die wenigen Punkte unserer Karte die wirkliche Arealgestalt nicht widerspiegeln; die Lückenhaftigkeit der Funde spricht deutlich dafür, auch wenn die oekologischen Ansprüche dieser Species und die Ausdehnung der Bezirke, die sie erfüllen, noch ungenau bekannt sind. Selbst das bisher erkennbare Verbreitungsbild bleibt deswegen vorläufig unverständlich, denn aus anderen leidlich gut untersuchten Gebieten (Nordwestmarokko, Südalgerien, Libysche Wüste, Kufarah, Ennedi, Tibesti, Unterägypten), die doch anscheinend geeignete Habitate anbieten, ist *moesta* nicht gemeldet worden.

Oekologie

Dieser Schmätzer verlangt als Lebensraum offenes, ebenes, allenfalls flachhügeliges Land, das erhöhte Sitzwarten (Steinhaufen, Büsche u. ä.) und Erdhöhlen (zum Nisten und als Zufluchtsort für die Jungen) bereithält. Stark zerklüftetem und gebirgigem Gelände bleibt er wohl fern, besiedelt aber gleichwohl flache Schluchten, felsige Hügel und auch viele nordwestafrikanische Hochplateaus. Von den küstennahen Ebenen bis zum Sahel ist er in ziemlich verschiedenartigen Landschaften angetroffen worden, wobei ihm die Wüstenrandzone sichtlich besonders zusagt (HEIM DE BALSAC und MAYAUD 1962, BROSSET 1961, p. 19). In die eigentliche sterile Wüste dringt er freilich nicht ein, doch findet er sich gelegentlich mit ariden steinigen Ebenen (so den littoralen „regs" in Rio de Oro; VALVERDE 1957) ab. Hauptsächlich aber bewohnt er Landstriche mit niedriger steppenhafter Vegetation, etwa mit Alfa-Gras (*Stipa tenacissima*) und *Artemisia* oder mit Chenopodiaceen bewachsene Flächen (Ostmarokko; BROSSET 1961) oder Salsolaceen-Gürtel auf Sandboden (Rio de Oro; VALVERDE 1957). Derartiger Pflanzenwuchs auf salzigem und feuchtem Boden nahe bei den Schotts (HEIM DE BALSAC 1924) und unmittelbar neben Sebkhas (VALVERDE l. c.) zieht ihn daher ebenfalls besonders an.

Zumindest stellenweise tritt *Oe. deserti* als Lebensraumkonkurrent in Erscheinung und drängt *moesta* in weniger günstige Habitate ab, wo sie sich zuweilen „mit einigen kümmerlichen Sträuchern begnügt" (VALVERDE 1957). Andererseits soll *moesta* auf noch dichter bewachsenes Gelände angewiesen sein als *deserti* (ibid.). Anscheinend nimmt der Rotbürzelschmätzer vielerorts nach dem Ausfliegen der Jungen einen Habitatwechsel vor; jedenfalls fand LYNES (1925) im Sous ab Mai nur noch einzelne Vögel in den steinigen Ebenen, wohl aber zahlreiche Familienverbände in den dürren Gestrüppeinöden, die wegen des Fehlens von Höhlen als Brutraum kaum in Betracht kommen. So erklären sich wohl auch VALVERDES (l. c.) Angaben, der *moesta* im Juni in dichtem Gestrüpp von *Atriplex*, *Nitraria*, *Tamarix* u. a. fand.

Im Winter sucht dieser Schmätzer offenbar keine anders gestalteten Habitate auf (cf. BROSSET 1961, p. 22); zuzeiten kommt er zur Nahrungssuche aber auf die nassen Sandbänke der Draa-Mündung (HEIM DE BALSAC und MAYAUD 1962).

Für die östlicher gelegenen afrikanischen Arealbezirke ließen sich keine genaueren Angaben beibringen. *Oe. m. brooksbanki* weicht in ihren Aufenthaltsorten anscheinend nicht von der Nominatform ab (MEINERTZHAGEN 1954, MENDELSSOHN brfl. 1967).

Zur Anlage des Nestes benutzt *moesta* mit Vorliebe die in Böschungen oder in flachen Boden gegrabenen Baue von Nagetieren (*Meriones*, *Psammomys* u. a.). Seltener wurden Nester auch in Steinhaufen oder in Erdmauern gefunden.

Die Brutzeit ist, zumindest in den südlichen Teilen Nordwestafrikas (HEIM DE BALSAC und MAYAUD 1962), ungewöhnlich ausgedehnt und erstreckt sich über 4 Monate, im Südwesten (so bei Goulimine, P. 6) offenbar noch etwas länger. Dort liegt sie zwischen Anfang Februar und Mitte Juni; im Süden Algeriens und Tunesiens beginnt sie erst Ende Februar oder im März, in Ostmarokko (BROSSET 1961) erst in der zweiten Aprilhälfte. Aus Ägypten sind nur April- und Maidaten bekannt; vom Sinai meldet MEINERTZHAGEN (1954) ein bebrütetes Gelege von Mitte März.

Zwei Jahresbruten scheinen die Regel zu sein. Sie folgen oft so dicht aufeinander (zuweilen sogar im selben Nest), daß eine dritte als möglich anzusehen ist (HEIM DE BALSAC und MAYAUD l. c.).

Wanderungen

Der Rotbürzelschmätzer überschreitet die Grenzen seiner Brutheimat offenkundig zu keiner Jahreszeit, ist aber dennoch kein strenger Standvogel, denn gewisse Verlagerungen der Häufigkeit im Winter weisen auf Ortswechsel geringeren Ausmaßes hin, wenigstens in der Sahara (HEIM DE BALSAC und MAYAUD 1962). ZEDLITZ (1909) fand *moesta* in Südtunesien im Winter seltener als im März, und nördlich der Hauts Plateaux Ostmarokkos traf BROSSET (1961) zwischen November und April fast keine mehr an; andernorts im Norden des Areals, so bei Sollum (MEINERTZHAGEN 1922) und El Tor (id. 1930), wurden einzelne im Dezember und Januar festgestellt. Bei Tendrara (P. 14) nahm die Zahl dieser Schmätzer bis zu einem Gipfel im Januar ständig zu (BROSSET l. c.); es handelt sich also nicht um ausgedehnte (transsaharische) Wanderungen.

Die Mauser der Altvögel setzt wohl bereits Ende Juni ein (LYNES 1925); zu dieser Zeit haben die Ortsbewegungen, die oft mit dem Habitatwechsel verbunden sind, schon begonnen.

G. M.

38.	Bresciano (= Brescia) ↓	Bc	Corti 1961
39.	Valnontey	A	Moltoni 1956
–	Alta Valle dell 'Orco	As	Moltoni 1956
40.	Alpes-Maritimes	B	Caziot 1923
o	Monte Morello (Winter)		Caterini 1941
41.	Insel Elba	Ns	Kinzelbach 1960
42.	St. Silvestro	Js	Malcuerendi 1960
43.	Monte Terminello-Altipiano di Leonessa	B	de Carlo 1958
44.	Maiella-Massiv	Nc	Vaughan 1953
45.	Monte Valle Caprara	A	Moltoni 1959
–	Monte Marsicomo	As	Stresemann 1957
46.	Korsika (VI.) ↓	A	Schiebel 1910
		B	Jourdain 1912
47.	Bythynischer Olymp (= Uludağ)	A	v. Jordans u. Steinbacher 1948; Vader 1965; Watson brfl. 1965
48.	Boz Dag (Ödemis)	B	Watson brfl. 1965
49.	Ismir (= Smyrna)	B	Watson brfl. 1965
50.	Avlar Gölü (29. IV.)	As	Vader 1965
51.	Korkuteli (27. IV.)	As	Vader 1965
52.	Antalya (11. IV.)	As	Vader 1965
53.	Zebil (bis 26. II.)		Danford 1878
–	Hacin Daği-Gebiet	Js	Kumerloeve 1962
54.	Kreta	J	Stresemann 1943
55.	Baibort (= Baiburt)	J	Witherby 1907
56.	Varsambeg (VIII., IX.)	A	v. Jordans u. Steinbacher 1948
–	Sebatos Yayla (VIII., IX.)	A	v. Jordans u. Steinbacher 1948
57.	Südhang d. Kaukasus N Gebi (o. D.)		Dinnik 1884
58.	Berg Fischt	Ac	Dinnik 1894; Coll. Zool. Inst. Leningr. (Portenko brfl. 1966)
59.	Berg Bermamyt	A	Lorenz 1887
60.	Berg Schan	A	Boehme 1926
61.	See Ezen-am (zw. Wedeno u. Botlich)	A	Rossikow 1884
62.	Schachdag	J	Satunin 1907
o	Berge im Zakataly-Rajon	Js	Serebrowskij 1925
63.	Berge im Lagodechi-Naturschutzgebiet	Ns	Portenko brfl. 1966
64.	Berg Küsjurdi	Aa	Radde 1884
65.	Samamisische Alpen: Berg Dulfek	A	Hablizl 1782
66.	Bender-Gez (Winter)	s	Zarudnyj 1896
67.	Delarestan (N-Hang Demavend-Gebirge)	A	Coll. Zool. Inst. Leningrad (Portenko brfl. 1966)
68.	Pish Kuh (16.–24. V.)	A	Stresemann 1928
69.	Mewjul (Sawelandag)	As	Coll. Zool. Inst. Leningrad (Portenko brfl. 1966)
70.	Ach-bag	A	Laister u. Sosnin 1942
71.	Murow-Dag	B	Satunin 1907
72.	Berg Alagez	A	Laister u. Sosnin 1942
73.	Adsharisches Plateau an den Kura-Quellen	A	Nordmann 1840
74.	Guljuli-Dag (Winter)		Zarudnyj 1896
75.	Durbadem	As	Bianchi 1904
76.	Durud (13. III., 23. X.) ↓		Marien 1951
77.	Safed Koh	N	Whitehead 1909a, 1911
78.	Stiewe	A	Paludan 1959
79.	Paß Jach-baschwer	J	Zarudnyj 1926
80.	Chodshi-Obigarm (Anf. IX.)	Aa	Kozlowa 1949
81.	Agalyk-Gebirge (13. XI.)		Dal 1941
82.	Paß Anzob (VIII.)	A	Popow 1959; Coll. Zool. Inst. Leningrad (Portenko brfl. 1966)

83.	Mittellauf d. Isfara	Ac	Ivanov 1940
–	Paß Guzun	A	Ivanov 1940; Coll. Zool. Inst. Leningrad (Portenko brfl. 1966)
84.	Naturschutzgebiet Aksu-Dshabagly	Js	Kowsharj 1964
85.	Pskem-Gebirge	A	Korelow 1956b
–	Aral-Tjube (Quelle Merke)	Bs	Portenko 1961
86.	Karabalta-Fluß	As	Spangenberg u. Dementieff 1935
87.	Transili-Alatau (Umgeb. Alma-Ata)	Js	Stegman 1954; Coll. Zool. Inst. Leningrad (Portenko brfl. 1966)
88.	Kumurtschu (Ketmenj)	N	Korelow 1956a
89.	Paß Korynskij (S Kapal)	J	Schnitnikow 1949; Coll. Zool. Inst. Leningrad (Portenko brfl. 1966)
90.	Bas-Tschischkan	As	Zarudnyj u. Korejew 1906
91.	Muzart-Gletscher (2. IX.)	J	Ludlow u. Kinnear 1933
92.	Koksu (4. II.)	A	Schalow 1901
93.	Aksu	A	Reichenow 1907; Coll. Zool. Inst. Leningrad (Portenko brfl. 1966)
94.	Syrt Ak-bel	A	Schalow 1908
95.	Paß Dshaman-Daban (VIII.)	A	Schnitnikow 1949; Coll. Zool. Inst. Leningrad (Portenko brfl. 1966)
96.	Sassyk-bel (SE Guldsha; XI.)		Coll. Zool. Inst. Leningrad (Portenko brfl. 1966)
97.	Kaschgar (13. II.)	A	Schalow 1901; Coll. Zool. Inst. Leningrad (Portenko brfl. 1966)
98.	Paß Odudi (Jazgulem-Gebirge)	N	Kistjakowskij 1950
99.	Paß Mac (s. n. *Laiscopus himalayanus*)	J	Dementjew 1935; Coll. Zool. Inst. Leningrad (Portenko brfl. 1966)
100.	Indus-Tal in Baltistan (15. XI.)		Richmond 1895
101.	Khardong-Paß (Leh)	As	Osmaston 1925; Marien 1951
102.	10 Meilen „below" Pangong-See (10. X.)		Hendersen u. Hume 1873
103.	Keria-Kette	Bc	Pleske 1889
104.	East Everest	J	Kinnear 1922
105.	Gyaokong	A	Coll. Zool. Mus. Berlin
106.	Karlo La (VIII.)	A	Ludlow u. Kinnear 1937
107.	Lhasa (Frühjahr)	As	Ludlow 1950
108.	Tema La (22. III.)	A	Ludlow 1951
109.	Ba La (Yigrong)	A	Ludlow 1951
110.	Tsong Ben La (22. X.)		Schäfer u. Meyer de Schauensee 1939
111.	Batang (= Paan; Winter)		Schäfer 1938
112.	Horbo-Böi (zw. Batang u. Derge)	A	Rensch 1923
113.	Paß Cara-la (19. XI.)		Bianchi 1907
114.	zw. Yekundo u. Chamdo (= Lager 90)	Ba	Schäfer u. Meyer de Schauensee 1939
115.	Yekundo	A	Schäfer 1938
116.	Burchan-Budda-Gebirge (V.)	A	Pleske 1889; Bianchi 1907
117.	Amne-matschin-Gebirge (I.)		Bianchi 1904; Coll. Zool. Inst. Leningrad (Portenko brfl. 1966)
118.	„Jupar (= Dshupar-) range"	A	Bangs u. Peters 1928
119.	Ljandsha-sjana-Paß	A	Pleske 1892

120.	Süd-Tetungsche Berge	B	Stresemann et al. 1937
121.	„Minshan range"	A	Bangs u. Peters 1928
122.	Tai-pai-shan (Tsing-ling)	A	Coll. Zool. Mus. Berlin
123.	zw. Tsing-ling u. Ta-Pa-Shan	A	Cheng et al. 1962
124.	Lun-an-fu (= Pingwu)	A	Bianchi 1904; Coll. Zool. Inst. Leningrad (Portenko brfl. 1966)
125.	Sungpan	A	Rensch 1923
–	Hwanglungsze-Alpen	A	Rensch 1923
126.	Omeishan (15. III.)	A	Rensch 1923
127.	Yulonghsi-Tal (V.)	A	Riley 1931
–	Chengtze (V.)	A	Riley 1931
128.	Mt. Gyi-na-loko (X./XI.)		Greenway 1933
–	Mt. Satseto (II./III.)		Greenway 1933
129.	E Talifu (o. D.)		Rippon 1907
–	Gyi-dzin-shan (IV.)	A	Rothschild 1926
130.	Su-wa-tong	A	Greenway 1933
131.	Bimbi-La	A	Ludlow 1944
132.	Mago	A	Ludlow u. Kinnear 1937
133.	Kang La	J	Ludlow u. Kinnear 1937
134.	Pharı	Ac	Ludlow 1928
135.	Sandakphu (Darjeeling; 6. I.)		Meinertzhagen 1927
136.	Gandak-Kosi-Wasserscheide (Herbst)	A	Smythies 1948
137.	Khangsar	Ac	Lowndes 1955
138.	Bedang (Kumaon)	A	Marien 1951
139.	Garhwal	N	Baker 1915
140.	Umgebung Simla (24. XI.)		Whistler 1920
141.	Dharmsala	Bc	Hingston 1921
	(II.)		Whistler 1926
142.	Apherwat-Berge (Gulmarǵ; 16. IX.)	Aa	Meinertzhagen 1927
143.	Kághán-Tal (Hazara-District)	A	Whitehead 1909b; 1914
144.	Bolschoj Ilgumenj ↓	A	Kaschtschenko 1899
145.	Tschemal (XII.)		Meklenburcew 1954; Coll. Zool. Inst. Leningrad (Portenko brfl. 1966)
146.	Tscholesman (13. XI., I.)		Hesse 1913; Coll. Zool. Inst. Leningrad (Portenko brfl. 1966)
147.	Turgän-Gebirge (2. VIII.)	J	Piechocki brfl. 1965
148.	Tunkinsk-Gebirge (20. XII.)		Keve 1948
149.	Kap Schartla	A	Malyschew 1960
–	Kap Anjutka	Ns	Malyschew 1960
150.	Kap Bolschaja Kosa	A	Malyschew 1960
–	Dorf Goremyk (Baikal-Ufer)	Ja	Stegman 1936; Coll. Zool. Inst. Leningrad (Portenko brfl. 1966)
151.	Udokan-Gebirge (Quelle Namenga)	A	Gagina 1960
152.	Fluß Dsheltula ↓	AJ	Worobjow 1963
153.	Kap Bratjew (Mittellauf d. Detrin)	Bs	Kischtschinskij (Dissert.) (Portenko brfl. 1966)
154.	Babuschkin-Bucht	As	Kischtschinskij (Dıssert.) (Portenko brfl. 1966)
155.	Lantar-Mündung (60 km S Ajan)	AJ	Coll. Zool. Inst. Leningrad (Portenko brfl. 1966)
156.	Medweschij-Insel	J	v. Middendorff 1853
		A	Dulkejt u. Schulpin 1937
157.	Bucht von De-Kastri	As	Worobjow 1954
158.	Ternej-Bucht	A	Omelko 1962
159.	Bucht Peter d. Großen (XI.)	s	Tscherskij 1915
	(I.)		Worobjow 1954; Omelko 1962

160.	Mt. Pai-shan (= Tschargpei-schan)	A	Ingram 1909; Meise 1934
161.	Hamgyong Pukto (7. XI.) ↓		Austin 1948
162.	Wei-hai-wei	As	Aylmer 1931
163.	T'ai-shan (Shan-tung; 11. XI.)		Blackwelder 1907
164.	Wu-t'ai-hien (Shansi; 15. II.)		Blackwelder 1907
165.	Berge N u. W Peking (IX.)	A	Swinhoe 1871
	(Winter)		David u. Oustalet 1877
166.	Mt. Mulei (N Hsing-lung; 22. IX.)	A	Yamashina 1938–40
167.	Imjanpo (Winter)		Meise 1934 (fıde Sowerby 1923)
168.	Jalamte (220 km E Manchuli; 18. V.)	A	Yamashina 1938–40
169.	60 km SE Daurija (IV. u. V.)	A	Meklenburcew 1954
170.	Darasun (o. A.)		Dresser 1871–81
171.	Kentei-khan (VIII.)	Ac	Kozlova 1933; Coll. Zool. Inst) Leningrad (Portenko brfl. 1966.
172.	Chunzyl (6. I.)		Bianchi 1915
173.	See Sangin-dalai-nor (Dulan-ula-Berge; IX.)	A	Kozlowa 1930; Coll. Zool. Inst. Leningrad (Portenko brfl. 1966)
174.	Quellgebiet d. Onghingol (III.)	Ac	Kozlowa 1930; Coll. Zool. Inst. Leningrad (Portenko brfl.)
175.	Dundu-sajchan	A	Bianchi 1915; Coll. Zool. Inst. Lenıngrad (Portenko brfl. 1966)
176.	Churchu-Gebirge (X.)		Pleske 1889; Coll. Zool. Inst. Leningrad (Portenko brfl. 1966)
177.	Baga-bogdo (Ende X.)		Bianchi 1907
178.	Uljassutai (19. IX.)	A	Tugarinow 1929
179.	Kobdo (XI.)	a	Bianchi 1904; Coll. Zool. Inst. Leningrad (Portenko brfl. 1966)
180.	Shınano-Fluß (10. VIII.)	A	Coll. Zool. Mus. Berlin
181.	Berg Fuji	N	Jahn 1942
182.	Mt. Norikura	J	Stejneger 1893
183.	Formosa (= Taiwan; IV., 2. V., X., XI.)	A	Yamashina 1937

Anmerkungen

Zu P. 1:

Ein weiterer Fund liegt noch vom benachbarten Dj. Bou Ourioul (25. III.) vor; „es kann möglıch sein, daß einıge Paare auf den benachbarten Bergen über 10000 ft. brüten" (Chaworth-Musters 1939). – Bei den Vorkommen im Rif-Gebirge beı Tetuan (Hartert u. Jourdain 1923), ın Nord-Algerien und Nord-Tunesien (Heim de Balsac u. Mayaud 1962, Payn 1948, Blanchet 1918) mag es sıch um abgesprengte Exemplare aus der Sierra Nevada handeln, da von beıden Stellen keine Brutnachweise vorlıegen.

Zu P. 3:

"The population of Gredos may consist well over a thousand paırs. In Guadarrama the main nucleus is that of Peñalara, where some years contains no less than hundred birds." (Bernis brfl. 1965).

Zu P. 4:

Eınzelfunde aus der Serra do Marao (XI.) und bei Cintra (16. I.) (Tait 1924, Reis 1931) lassen sowohl wegen der isolierten als auch tiefen Lage nur auf Irrgäste schlıeßen.

Zu P. 22:

„Angaben vom Nısten in den nordmährischen Bergen (Kralický Sněžnık, Jesenık) sınd unbelegt. Im Wınter und Frühling sehr selten auch in Tıeflagen (Südmähren)." (Kux et al. 1955).

Zu P. 29:

Auf Samothrakı (Berg Phengari) wurde am 18. V. ein Exemplar nachgewiesen (Harrison u. Pateff 1937).

Zu P. 38:

Die Grenze wurde am Südrand der Alpen gezogen.

Zu P. 46:

Von Korsika liegen uns nur wenige Angaben aus der Brutzeit vor. Wahrscheinlich ging die Besiedlung Elbas von Korsika aus.

Zu P. 76:

Marien (1951) vermutet, daß dieser isolierte Fund außerhalb der Brutzeit auf ein Brutgebiet im Zagross hinweist, da *Prunella collaris* gewöhnlich nicht weit wandert.

Zu P. 144:

Im sowjetischen Altai ist *collaris* nur als sehr seltener Brutvogel bekannt (Sushkin 1938). In diesem Gebirge, in das sie offenbar (von Osten her) erst ziemlich spät vorgedrungen ist, hat *collaris* wohl die Konkurrenz mit der hier viel häufigeren *Prunella himalayana* zu bestehen. Im Winter wurde *collaris* allerdings zahlreicher angetroffen (Hesse 1913).

Zu P. 152:

Am rechten Lena-Ufer im Rajon Kobjaj wurden am 14. IX. 2 Exemplare erbeutet (Worobjow 1963). Nach Portenko (brfl. 1966) „brütet diese Braunelle zweifellos dort in den nahen Bergen"

Zu P. 161:

"... seems to be a rare transient visitor and perhaps a rare resident in northern Korea ... The 1942 Hand-List says it breeds in Hagyong Namdo" (Austin 1948).

LITERATUR

Ali 1962 — Birds Sikkim. Madras. 298.
Austin 1948 — Birds Korea. Cambridge. 231.
Aylmer 1931 — Hong Kong Nat. 2, 163.
Baker 1915 — Bull. Brit. Orn. Cl. 35, 60.
Bangs u. Peters 1928 — Bull. Mus. Comp. Zool. Harvard 68/7, 354.
Bates u. Lowther 1952 — Birds Kashmir. London. 96.
Bernis 1954 — Acta XI. Congr. Int. Orn. Basel. 421.
Bianchi 1904 — Ann. Mus. Zool. St.-Pétersb. 9, 124; 126.
Bianchi 1907 — Aves exped. Kozlowi Mongol., Tibet. orient. St.-Pétersb. 83.
Bianchi 1916 — Ann. Mus. Zool. Petrograd 20, 50.
Blackwelder 1907 — Carnegie Inst. Washington. Publ. 54, Res. China 1/2, 496.
Blanchet 1918 — Rev. franç. Orn. 5, 267.
Boehme 1926 — Nachr. Gorsky Päd. Inst. Vladikavkas 3, 254.
Brehme 1962 — Wiss. Z. Univ. Greifswald 11, Math.-nat. Reihe 1/2, 47.
de Carlo 1958 — Riv. Ital. Orn. 28, 190.
Caterini 1941 — Riv. Ital. Orn. 11, 60.
Caziot 1923 — Riv. Ital. Orn. 8, 228.
Chaworth-Musters 1939 — Ibis (14) 3, 277.
Cheng et al. 1962 — Acta Zool. Sinica 14/3, 367.
Congreve 1935 — Ibis (13) 5, 574.
Corti 1959 — Brutvögel deutsch-österr. Alpenzone. Chur. 277.
Corti 1961 — Brutvögel franz., ital. Alpenzone. Chur. 349.
Dal 1941 — Trudy Uzbek. Uniw., N.S. 21, Biol. 8, 129.
Danford 1878 — Ibis (4) 2, 18.
David u. Oustalet 1877 — Ois. Chine. Paris. 179.
Dementjew 1935 — Trudy Tadshik. eksped. 1932. 32.
Diesselhorst 1968 — Khumbu Himal. Innsbruck-München. 333.
Dinnik 1884 — Zap. Kawkaz. Russk. Geogr. Ob. 13, 86.
Dinnik 1894 — Mém. Soc. Caucas. Soc. Russ. Geogr. 16, 399; 420.
Dresser 1873 — Birds Europe. London. 3, 32.
Dulkejt u. Schulpin 1937 — Trudy Biol. Nautsch.-Issl. Inst. 4, 135.
Dyrcz 1963 — Ibis 105, 270.
Fleming u. Traylor 1968 — Fieldiana; Zool. 53/3, 184.
v. Führer 1904 — Orn. Jb. 15, 61.
Gagina 1960 — Izw. Irkutsk. selsk. Inst. 18, 217; 238.
Géroudet 1960 — Nos Oiseaux 25, 297.
Glutz von Blotzheim 1962 — Brutvögel Schweiz. Aarau. 415.
Greenway 1933 — Bull. Mus. Comp. Zool. Harvard 74/5, 122.
Hablizl 1783 — Neue Nordische Beyträge. St.-Pétersb. 4, 53.
Hachisuga u. Udagawa 1951 — Quart. J. Taiwan Mus. 4/1 u. 2, 71.
Harrison u. Pateff 1937 — Ibis (14) 1, 612.
Hartert u. Jourdain 1923 — Novit. Zool. 30, 112.
Heim de Balsac 1948 — Alauda 16, 92.
Heim de Balsac u. Mayaud 1962 — Oiseaux Nord-Ouest Afrique. Paris. 271.
Helmstaedt 1961 — J. Orn. 102, 312.
Hendersen u. Hume 1973 — Lahore to Yarkand. London. 234.
Hesse 1913 — Mitt. Zool. Mus. Berlin 6, 441.
Hingston 1921 — J. Bombay Nat. Hist. Soc. 27, 563.
Ingram 1909 — Ibis (9) 3, 432.
Ivanov 1940 — Ois. Tadjikistan. Moscou-Leningrad. 270.
Iwanow 1969 — Pticy Pamiro-Alaja. Leningrad. 317.
Izmajlow 1967 — Pticy witimsk. ploskogorja. Ulan-Ude. 167.
Jahn 1942 — J. Orn. 90, 192.
Jordania 1970 — Falke 17, 184.
v. Jordans 1940 — Mitt. Naturwiss. Inst. Sofia 13, 116.
v. Jordans u. Steinbacher 1948 — Senckenbergiana 28, 177.
Jourdain 1912 — Ibis (9) 6, 63.
Kaschtschenko 1899 — Result. Alt. zool. eksped. 1898. Tomsk. 81.
Kattinger 1960 — Larus 12—13, 146.
Keve 1948 — Ann. Nat.-Hist. Mus. Wien 56, 107.
Kinnear 1922 — Ibis (11) 4, 508.
Kinzelbach 1966 — Anz. Orn. Ges. Bayern 7, 859.
Kistjakowskij 1950 — Trudy Zool. Mus. Kiiwsk. Uniw. 2, 43.
Klíma 1959 — Sylvia 16, 25.
Korelow 1956a — Trudy Inst. zool. Akad. Nauk Kazach. SSR 6, 144.
Korelow 1956b — Prir. i choz. usl. Bostandyka. Alma-Ata. 308.
Kowsharj 1964 — Trudy Inst. zool. Akad. Nauk Kazach. SSR 24, 137.
Kozlowa 1930 — Pticy Zabajkalja, Sew. Mongolii i centr. Gobi. Leningrad. 268.
Koslova 1933 — Ibis (13) 3, 324.

KOZLOWA 1949 Trudy Zool. Inst. Akad. Nauk SSSR 8, 773.
KOZLOWA 1966 Zool. Sh. 45/5, 705–716.
KUMERLOEVE 1962 Bonn. Zool. Beitr. 12 (Sonderh.), 131.
KUX et al. 1955 Acta Mus. Moraviae 40, 200.
LAISTER u. SOSNIN 1942 Ornis Armeniaca. Erewan. 373.
LORENZ 1887 Beitr. Kennt. orn. Fauna Nordseite Kaukasus. Moskau. 34.
LOWNDES 1955 J. Bombay Nat. Hist. Soc. 53, 32.
LUDLOW 1928 Ibis (12) 4, 64.
LUDLOW 1944 Ibis 86, 191.
LUDLOW 1950 Ibis 92, 38.
LUDLOW 1951 Ibis 93, 561.
LUDLOW u. KINNEAR 1933 Ibis (13) 3, 463.
LUDLOW u. KINNEAR 1937 Ibis (14) 1, 277.
LYNES 1912 Ibis (12) 4, 613.
MAKATSCH 1950 Vogelw. Mazed. Leipzig. 205.
MALCUERENDI 1960 Riv. Ital. Orn. 30, 189.
MALYSCHEW 1960 Trudy Wost.-Sib. Fil. Sib. Akad. Nauk SSSR 23, Ser. Biol., 67.
MARIEN 1951 Amer. Mus. Novit. 1482, 5.
MATVEJEV 1950 Ornithogeogr. Serbica. Beograd. 213.
MATVEJEV 1955 Acta XI. Congr. Int. Orn. Basel. Basel u. Stuttgart. 480.
MAYHOFF 1923 Verh. Orn. Ges. Bayern 15, 276.
MEINERTZHAGEN 1927 Ibis (12) 3, 594–595.
MEISE 1934 Abh. Mus. Tierk. Völkerk. Dresden 18, 46.
MEKLENBURCEW 1954 Pticy Sowj. Sojuza. Moskwa. 6, 656.
MERTENS u. STEHLE 1960 Ardeola 6, 361.
MEYLAN 1933 Arch. suiss. Orn. 1, 103.
v. MIDDENDORFF 1853 Sibirische Reise. St.-Pétersb. 2, 173.
MOLTONI 1956 Riv. Ital. Orn. 26, 161.
MOLTONI 1959 Riv. Ital. Orn. 29, 156.
MOORE u. BOSWELL 1957 Iraq Nat. Hist. Mus. Publ. 12, 217.
MÜLLER 1922 Veröffentl. Mus. Ferdin. Innsbruck 11, 30.
NIETHAMMER 1943 J. Orn. 91, 219.
NIETHAMMER 1957 Bonn. Zool. Beitr. 8, 244.
NORDMANN 1840 Observat. faune Pontique. Paris .182.
OMELKO 1962 Soob. Dalnewost. Fil. 16, 123.
OSMASTON 1925 Ibis (12) 1, 687.
PALUDAN 1959 Vidensk. Medd. Dansk. nat. hist. Foren. 122, 184.
PAYN 1948 Ibis 90, 13.
PEWS 1957 Mitt. Zool. Mus. Berlin 33, 286.
PIECHOCKI u. BOLOD 1972 Mitt. Zool. Mus. Berlin 48, 93.
PLESKE 1889 Aves Przewalskianae. St.-Pétersb. 2, 138–142.
PLESKE 1892 Mélang. Biol. Bull. Acad. Sci. St.-Pétersb. 13, 292.
POPOW 1959 Pticy Gissaro-Karategina. Stalinabad. 111.
PORTENKO 1960 Pticy SSSR. Moskwa-Leningrad. 4, 133.
PORTENKO 1961 Trudy Inst. Zool. Akad. Nauk Kazach. SSR 15, 126.
RADDE 1884 Ornis Caucas. Kassel. 244.
REICHENOW 1907 Orn. Mber. 15, 29.
REIS 1931 Cat. sist. aves Portugal. Pôrto. 92.
REISER 1894 Ornis Balcan. Wien. 2, 57.
REISER 1905 Ornis Balcan. Wien. 3, 168.
REISER 1939 Ornis Balcan. Wien 1, 61.
RENSCH 1923 Abh. Mus. Tierk. Völkerk. Dresden 16/2, 50.
RENSCH 1934 Orn. Mber. 42, 8.
RICHMOND 1895 Proc. United States Nat. Mus. 18, 490.
RILEY 1931 Proc. United States Nat. Mus. 80/7, 49.
RIPPON 1907 Bull. Brit. Orn. Cl. 19, 19.
ROSSIKOW 1884 Zap. Kawkaz. Geogr. Ob. 13/1, 239.
ROTHSCHILD 1926 Novit. Zool. 33, 249.
SÁGHY 1955 Aquila 59–62, 199.
SATUNIN 1907 Mat. ptic. Kawkaz. kraja. Tiflis. 66.
SAVI 1827 Ornit. Toscana. Pisa. 1, 300–302.
SCHÄFER 1938 J. Orn. 86 (Sonderh.), 286.
SCHÄFER u. MEYER DE SCHAUENSEE 1939 Proc. Acad. Nat. Sci. Philadelphia 40, 227.
SCHALOW 1901 J. Orn. 49, 450.
SCHALOW 1908 J. Orn. 56, 239.
SCHIEBEL 1910 Orn. Jb. 21, 162.
SCHNITNIKOW 1949 Pticy Semiretschja. Moskwa-Leningr. 566.
SCHÜZ 1959 Vogelwelt Südkasp. Tiefland. Stuttgart. 103.
SEREBROWSKIJ 1925 Nouv. mém. Soc. Nat. Moscou 18/2, 26.
SMITH 1965 Ibis 107, 520.
SMYTHIES 1948 J. Bombay Nat. Hist. Soc. 47, 441.
SMYTHIES 1953 Birds Burma. Edinburgh-London. 135.
SPANGENBERG u. DEMENTIEFF 1935 Alauda 7, 349.
STEGMANN (= STEGMAN) 1936 J. Orn. 84, 136.
STEGMAN 1954 Trudy Leningr. Ob. jestest. 77/4, 275.
STEJNEGER 1893 Proc. United States Nat. Mus. 16, 631.
STRAUTMAN 1954 Pticy Sowj. Karpat. Kiew. 166.
STRESEMANN 1928 J. Orn. 76, 389.
STRESEMANN 1943 J. Orn. 91, 491.
STRESEMANN 1957 J. Orn. 98, 16.
STRESEMANN et al. 1937 J. Orn. 85, 566.
STUDER u. FATIO 1907 Kat. Schweiz. Vögel. 4. Lieferung. Bern u. Genf. 419–429.
SUSHKIN 1938 Birds Soviet Altai. Moskow-Leningr. 2, 222.
SWINHOE 1870 Proc. Zool. Soc. London 21, 124.
SWINHOE 1871 Proc. Zool. Soc. London 22, 360.
TAIT 1924 Birds Portugal. High Holborn. 109.
TICEHURST 1926 J. Bombay Nat. Hist. Soc. 31, 14.
TICEHURST u. WHISTLER 1927 Ibis (12) 3, 302.
TOMEK 1939 Blätter Naturk., Naturschutz 25, 106–08.
TSCHERSKIJ 1915 Zap. Ob. izutsch. Amursk. kraja 14, 207.
v. TSCHUSI u. v. DALLA TORRE 1889 Ornis 5, 561.
TUGARINOW 1929 Ann. Mus. Zool. Leningrad 29, 269.
VADER 1965 Ardea 53, 186.
VAUGHAN 1953 Riv. Ital. Orn. 23, 139.
VAURIE 1959 Birds palearct. Fauna. Passeriform. London. 208.
WHISTLER 1920 J. Bombay Nat. Hist. Soc. 27, 101.
WHISTLER 1925 Ibis (12) 1, 177.
WHISTLER 1926 Ibis (12) 2, 561.
WHITEHEAD 1909a Ibis (9) 3, 224.
WHITEHEAD 1909b Ibis (9) 3, 713.
WHITEHEAD 1911 J. Bombay Nat. Hist. Soc. 20, 783.
WHITEHEAD 1914 J. Bombay Nat. Hist. Soc. 23, 105.
WITHERBY 1907 Ibis (9) 1, 88.
WITHERBY 1928 Ibis (12) 4, 615.
WOROBJOW 1954 Pticy Ussurijsk. kraja. Moskwa. 248; 274.
WOROBJOW 1963 Pticy Jakutii. Moskwa. 246.
YAMASHINA 1937 Tori 9, 402.
YAMASHINA 1938–40 Tori 10, 501.
ZARUDNYJ 1896 Mat. Fauna Flora Ross. 2, 150.
ZARUDNYJ 1926 Bull. Soc. Nat. Moscou 35/3–4, 270.
ZARUDNYJ u. KOREJEW 1906 Mat. Fauna Flora Ross. 7, 228.
ZIMMERMANN 1920 J. Orn. 68, 346

Briefliche Auskünfte erteilten: BERNIS, CASTROVIEJO (Spanien), BAUER (Österreich), BALÁT (Tschechoslowakei), MATVEJEV (Jugoslawien), WATSON, KUMERLOEVE (Türkei), PIECHOCKI (Mongolei), WEIGOLD (Tibet).

Prunella collaris (Scopoli)

Alpenbraunelle

Verwandtschaft und Gliederung

P. collaris und *P. himalayana* sind einander in Aussehen und Lebensweise sehr ähnlich und auch enger untereinander verwandt als mit anderen Braunellen; sie werden darum oft in eine eigene Gattung (*Laiscopus* Gloger) gestellt, deren Kennzeichnung bei Portenko (1960) und Kozlova (1966) gegeben ist. Die auffallenden Unterschiede in Beuteverhalten und Flügelform zu den übrigen, Büsche und Bäume bewohnenden Braunellen sind allerdings deutlich vom Lebensraum geprägt. Die Nahrung wird nur am Boden gewonnen, anscheinend auch in der subalpinen Zone. In diesen kargen Höhenlagen müssen sommers wie winters beträchtliche Flächen genutzt werden; das nötigt die alpinen Arten viel mehr zum Fliegen, wobei die längeren und spitzeren Flügel, zumal in der oft merklich dünneren Luft, gewiß einen wesentlichen Vorteil bringen. Mischlinge zwischen beiden Arten sind nie bekannt geworden.

Die Nominatform besetzt die Arealteile in Nordafrika und im größten Teil Europas. Im Südosten, von Dalmatien über Bulgarien und Griechenland bis Kreta (vielleicht sogar bis NW-Kleinasien) wird sie von der blasseren, an Rücken und Brust graueren *subalpina* (Brehm), von Kleinasien und dem Kaukasus bis zum transkaspischen Kopet Dagh durch die oben blassere und an den Flanken weniger gestreifte *montana* (Hablizl) vertreten, die sich von *subalpina* durch dunklere Flanken und mehr rostfarbene Oberseite unterscheidet. Der zentrale Teil des asiatischen Areals wird von *rufilata* (Severtzov) bewohnt; sie ist wenig fahler als *montana*, zeigt aber an den Flanken weiter (bis zur Brust) ausgedehntes und dabei weniger fleckiges Rotbraun. In Nord-Kaschmir, Ladak und West-Tibet geht *rufilata* in die dunklere *whymperi* (Baker) über, die bis Kumaon vorkommt und von Nepal an ostwärts bis Nord-Yünnan (P. 129) und zur Grenze von Szetschuan durch die noch dunklere *nipalensis* (Blyth) vertreten wird. Nördlich, bis zum Nanschan und Kansu, schließt sich die wieder viel hellere *tibetana* (Bianchi) an, wobei sie in Südost-Tibet und Südwest-Sikang mit *nipalensis* Übergänge bildet; bei *tibetana* sind die Flanken deutlicher, der Rücken weniger gestreift als bei *nipalensis*. Die ähnliche, aber allgemein dunklere *erythropygia* (Swinhoe) nimmt, von Nordwest-Szetschuan und Süd-Schensi an, den ganzen Osten und Nordosten des Areals (westlich bis zum Altai) ein.

Zur Verbreitung

Das Areal erstreckt sich über rund 150 Längengrade, ist aber stark zerklüftet, auch innerhalb der hier gezogenen Grenzen (so im Norden des Brutgebietes von *erythropygia*), und in manchen Gegenden nach bisheriger Kenntnis nur sporadisch und dünn besiedelt, obwohl die Landschaftsgestalt dichteres Vorkommen erwarten ließe.

Die der Alpenbraunelle zusagenden Lebensbedingungen sind fast nur in Hochgebirgen (im Süden oft in bedeutenden Höhen) gegeben; das erklärt zwanglos ihre diskontinuierliche Verbreitung wie auch die Tatsache, daß sie im Gegensatz zu vielen anderen gebirgsbewohnenden Arten nicht in den Mittelgebirgen (und Ebenen) des Nordens vorkommt.

Die Karte zeigt, wie weit die Angabe „Nordwestafrika" in den Handbüchern zu reduzieren ist (s. Anm. zu P. 1). Im Karpatenbogen ist die Alpenbraunelle gewiß nur lückenhaft verbreitet, doch kennen wir wahrscheinlich noch nicht alle Brutvorkommen; die Karte deutet die Ungewißheit an. In Tibet mußte die Grenze nach Norden wie schon bei anderen Arten (z. B. *Emberiza cia* und *E. godlewskii*) offen gelassen werden. Weder aus den Tibet im Norden begrenzenden Gebirgszügen (außer P. 103) noch aus dem östlichen Tianschan ließen sich Anhaltspunkte für eine wahrscheinliche weitere Verbreitung beibringen; wir bezweifeln darum, daß die Karte das wahre Bild in Innerasien wiedergibt. In Ost-Tibet allerdings findet ihr Vorkommen am Südrande der Kiangsteppe seine Grenze (s. Kap. „Oekologie"). Ob die Alpenbraunelle auf Taiwan (= Formosa; P. 183) brütet — und in welcher Unterart (*nipalensis* ?) —, konnte bisher nicht gesichert werden (s. die Fundortliste; vergl. Vaurie 1959, p. 210).

Die weite Verbreitung der Art und ihre verhältnismäßig reiche Gliederung liefern einen Hinweis auf ihr Alter (s. dazu das entsprechende Kapitel bei *P. himalayana*). Der gesamte europäische Arealanteil jedoch und der vorderasiatische werden nur jeweils von einer einzigen Unterart bewohnt (vgl. die Gliederung von *P. modularis* oder von *Parus caeruleus*); das gilt auch für den nordöstlichen Teil (samt Japan). Im zentralen Gebiet dagegen (Turkestan, Himalaya, Tibet) leben, wenn auch dank der Kontinuität des Areals in klinaler Verbindung, vier Subspecies. Daraus darf vorsichtig geschlossen werden, daß *collaris* in diesem Raum am längsten ansässig ist und in Europa und Nordostasien erst vor relativ kurzer Zeit heimisch wurde; bei gleichem West-Ost-Abstand in den rezenten Arealen der „*modularis*-Gruppe" teilen sich drei wohlausgeprägte (wenn auch unter anderen Bedingungen entstandene) Arten in den Raum, wobei *P. rubida* sogar innerhalb der japanischen Inselgruppe in zwei Unterarten differenziert ist.

Spezialkarten der Verbreitung bei Kozlova 1966, Matvejev 1950 (Serbien), Studer und Fatio 1907 (Schweiz), Schnitnikow 1949 (Semiretschje), Worobjow 1963 (Jakutien) und Piechocki und Bolod 1972 (Mongolei).

Oekologie

Prunella collaris bewohnt felsiges Gelände, das aber (fast stets) in hohen Gebirgen oberhalb der Baumgrenze liegen muß Sonnige Hänge mit anstehendem Fels, Steinen und Geröll, steile Felswände, Moränenränder, nahezu kahle Schluchten oder sogar (am Fujiyama) die fast vegetationslose Ascheregion unterhalb des Vulkangipfels bildenzur Brutzeit ihren Aufenthalt, doch müssen offenbar grasige Matten in der Nähe verfügbar sein; im jakutischen Tscherskij-Gebirge, wo Graswuchs in sonst geeigneter Landschaft fehlt, kommt sie nicht vor (WOROBJOW 1963). Ebensowenig genügen trockene Steppengebirge, auch in so großer Meereshöhe wie an der Grenze der osttibetischen Kiangsteppe (SCHÄFER 1938), ihren Ansprüchen. Im Baikal-Gebirge dagegen lebt sie „vornehmlich an steilen Berghängen, die . . . gar keinen Pflanzenwuchs aufweisen" (STEGMANN 1936). Gewöhnlich ist sie auf alpinen Matten mit tundrenartiger Pflanzendecke oder solchen mit verstreutem Geröll, niedrigem Grasbewuchs und locker oder einzeln stehenden kleinen Büschen (*Pinus pumila, Rhododendron, Juniperus, Rosa* u. a.) und Stauden anzutreffen. Im Knieholzgürtel oder in der Montanwaldstufe findet sie sich allenfalls (so örtlich in der Schweiz; DE CROUSAZ in GLUTZ VON BLOTZHEIM 1962) ein, wo ausgedehnte Fels- oder Geröllstrecken ihren Ansprüchen entgegenkommen. Für die höchsten Gebirgsregionen dürfte allgemein gelten, was DIESSELHORST (1968) für Nepal angibt. „Sie hält sich an die von niedrigen Polsterpflanzen bewachsenen Matten und die benachbarten Blockfelder. Dabei geht sie bis an die Grenze der eben noch spärlich bewachsenen Zone (unter der hier ein Bewuchs mit Samenpflanzen zu verstehen ist) und besucht gelegentlich zur Nahrungssuche auch Geröllhalden und durcheinander geworfene Gesteinstrümmer am Fuß der nackten Felsen und Wände. Erst im reinen Fels kommt sie nicht mehr regelmäßig vor. Der Vogel vermeidet ebenso strikt jedes stärker bewachsene Gelände, ja er dringt nicht einmal mehr in die letzten Ausläufer der alpinen Zwergstrauchphase ein. . . . Solange die Wetterverhältnisse es erlauben, bleibt er an den Hängen möglichst weit über der Talsohle. . . . Nur plötzliche Schneefälle, die auch im Sommer immer wieder einmal in diesen Höhen auftreten, drücken ihn vorübergehend in die Hochtäler hinab."

Nach der Brutzeit scharen sich zunächst kleinere Gruppen, zu drei bis fünf, zusammen und suchen öfter die niedriger gelegenen Buschgebiete auf, sogar die dichte subalpine Strauchvegetation (mit Wacholder; SCHNITNIKOW 1949). Im Frühherbst vergrößern sich die Trupps (doch selten auf über 20, bis zu 50 Individuen) und streifen dann weit auf Matten und Hängen oberhalb der Baumgrenze umher. Zur Winterszeit erscheinen Alpenbraunellen vielerorts an menschlichen Siedlungen, so an hochgelegenen schweizerischen Winterkurorten (z. B. St. Bernhard, 2473 m; DE CROUSAZ l. c.) oder in Bergdörfern Sikkims zwischen Häusern und an Gartenmauern (ALI 1962). Solche Nahrungsquellen werden wohl auch im Sommer genutzt; in Japan „am Fuji sieht man die sehr vertrauten Vögel unterhalb der Rasthäuser die ausgedehnten Abfallfelder absuchen" (JAHN 1942).

Die Grenzen der sommerlichen Vertikalverbreitung sind mit dem oberen Saum der subalpinen Strauchregion und dem Rande des ewigen Schnees gegeben. Sie liegen in den schweizerischen Alpen und in der Hohen Tatra bei 1500 und 2600 m (DE CROUSAZ l. c., KLÍMA 1959), in den georgischen Bergen bei 1800 und 3000 m (JORDANIA 1970), in Armenien bei 2100 und 3100, im Hochsommer gelegentlich 3500 m (LAISTER und SOSNIN 1942), im Tianschan bei 2600 und 3700 m (Semiretschje; SCHNITNIKOW 1949), zuweilen oberhalb von 4000 m (MEKLENBURCEW 1954), im Hohen Atlas bei 3100 und 3700 m (HEIM DE BALSAC und MAYAUD 1962), im West-Himalaya bei 3600 und 5000 m (BATES und LOWTHER 1952) und in Nepal bei 4300 und 5400 m (DIESSELHORST 1968, FLEMING und TRAYLOR 1968). Die höchsten Beobachtungsplätze finden sich im Gebiet des Mount Everest (P. 104): 5600 und einmal gar 6400 m. Selbst in den nördlichen Gebirgen erreicht die Alpenbraunelle noch ansehnliche Höhen, nämlich am Fujiyama 2800 m, in den Bergen am Baikal 1700 bis etwa 2000 m, in der Mongolei wenigstens 2300 m (PIECHOCKI und BOLOD 1972) und im Riesengebirge etwa 1600 m. Auf der Insel Medweshij (P. 156) jedoch und wohl auch andernorts an der Küste des Ochotskischen Meeres brütet *collaris* anscheinend dicht über Meereshöhe (WOROBJOW 1954).

Das Nest legt sie stets versteckt an, unter Steinen, in kleinen Felsspalten, gelegentlich in Mauerlöchern, aber auch unter Büschen und Latschenkiefern, ab und zu sogar ganz dicht über dem Boden zwischen Zweigen und Ranken. Die Brut geht, je nach geographischer Breite und Meereshöhe, zwischen Mai und Juli, in großen Höhen (vgl. SCHÄFER 1938, DIESSELHORST 1968) auch noch im August vor sich. Eine Brut im Jahre scheint die Regel zu sein.

Junge wie Alte wechseln das Gefieder im August; Mitte September ist die Mauser oft bereits abgeschlossen.

Wanderungen

In vielen Brutgebieten bleibt zumindest ein Teil der Population, solange es die Witterung erlaubt, auch im Winter in den hohen Lagen. So ist die Alpenbraunelle (nach STRESEMANN et al. 1937) „Standvogel bei den höchsten Gipfeln der Süd-Tetungschen Berge (etwa 4000 m)"; sogar im sowjetischen Altai und im mongolischen Changaj wurde sie winters um 2000 m häufig angetroffen. „In Tibet selbst aber sind sie reine stenöke Standvögel, die nur mit *Pyrrhospiza punicea* zusammen auch bei strengster Kälte den Felsenregionen oberhalb der Baumgrenze treu bleiben. . . . Selbst auf 5400 m habe ich diesen wetterharten Vogel im Mittwinter bei Batang noch beobachtet" (SCHÄFER 1938).

Aus den meisten Gegenden, vor allem wohl Gebirgen mit starken winterlichen Niederschlägen, die den Zugang zur Nahrung (im Winter fast nur Sämereien) verwehren, werden vertikale Wanderungen gemeldet, die verschiedene Amplitude haben und unterschiedliche Anteile der Brutpopulationen zu erfassen scheinen. Im Hsifan-Bergland beispielsweise treten solche Ausweichbewegungen, im Gegensatz zum nahen schneearmen Hochtibet, häufig auf (SCHÄFER 1938); auch in Sikkim und Nepal werden einige *collaris* auf 2500 m Höhe (ALI 1962, FLEMING und TRAYLOR 1968) und in den burmesischen Bergen im Spätwinter zwischen 2500 und 3300 m angetroffen (SMYTHIES 1953). Die untere Grenze der Vertikalverbreitung im Winter liegt bei Alma-Ata um 1200 m, im hohen Tianschan bei 1700 m (SCHNITNIKOW 1949), in Tadshikistan und Afghanistan gelegentlich noch niedriger (IWANOW 1969, PALUDAN 1959). Das südkaspische Tiefland suchen die Brutvögel des Elburs offenbar gleichfalls nicht auf (SCHÜZ 1959). Winterbeobachtungen in Marokko liegen bei 2100 und 1300 m (SMITH 1965). In den nördlicheren Arealteilen jedoch erreichen viele Alpenbraunellen die Talsohlen und die Ebene.

Häufigkeit und Ausmaß der Vertikalwanderungen scheinen demnach hauptsächlich von der Klimalage und damit vom Nahrungsangebot bestimmt zu werden; wo der Schneefall geringfügig bleibt, wie in manchen zentralasiatischen Hochgebirgen, oder wo günstige Plätze, etwa Siedlungen oder, wie in Burma (SMYTHIES 1953), moosbedeckte Felsbrocken zwischen tiefem Schnee, Nahrung bieten, verbringen Alpenbraunellen den Winter in beträchtlichen Höhenlagen. Auf Taiwan jedoch, wo *collaris* oberhalb von 3000 m lebt, kommen im Herbst einige bis auf 2500 m herab (HACHISUKA und UDAGAWA 1951).

Wanderbewegungen in der Horizontalen führen oftmals weiter und kommen auch häufiger vor als gemeinhin angenommen. Fast regelmäßige Winterbeobachtungen in den tunesischen Bergen (und gelegentlich in Algerien) betreffen offenbar Zuwanderer aus Südeuropa (HEIM DE BALSAC und MAYAUD 1962). Südwärts gerichtete Bewegungen im Oktober am Col de Bretolet und ein Ringfund über 480 km nach Südwesten werden aus der Schweiz gemeldet (DE CROUSAZ l. c.). In den Gerecse-Bergen in Ungarn erscheinen nach SAGHY (1955) regelmäßig einige, ebenso in den kurdischen Bergen des Nord-Irak (TICEHURST 1926, MOORE und BOSWELL 1957). Ob die Winterfunde in Nord-Burma (SMYTHIES 1953) und am südchinesischen Omeïschan (RENSCH 1923) horizontale Wanderungen anzeigen, bleibt ungewiß. Am Choloj-Fluß in Transbaikalien wurden Ende Mai und im September einzelne *collaris* gesehen; im umgebenden Witim-Hochland brütet sie nicht (IZMAJLOW 1967). In der Lena-Ebene nahe der Wiluj-Mündung traf man im September eine ganze Anzahl an, doch sind aus den nahen Gebirgszügen Brutvorkommen nicht bekannt (WOROBJOW 1963). An der Küste des fernöstlichen Primorje wurden mehrmals kleine Trupps von Alpenbraunellen gesichtet (WOROBJOW 1954). Die meisten dieser Bewegungen mögen nur über recht kurze Strecken führen. Die japanischen Brutvögel aber scheinen Hondo ganz zu verlassen. „Ihr Winteraufenthalt ist unklar, nach KIYOSU wurde sie sehr selten im Januar im Vorland der Alpen gefangen" (JAHN 1942).

Die Spärlichkeit genauer Daten erschwert es, Zugbewegungen gegen Irrgastvorkommen abzugrenzen. Fernab von den Brutgebieten ist die Nominatform u. a. auf Malta, in Nordfrankreich, Belgien, den Niederlanden, Großbritannien, Schweden und Südmähren, *rufilata* in Nordwest-Afghanistan als Irrgast erschienen.

G. M

IV

1974

Prunella himalayana (Blyth)

bearbeitet von

L. A. PORTENKO und E. v. VIETINGHOFF-SCHEEL

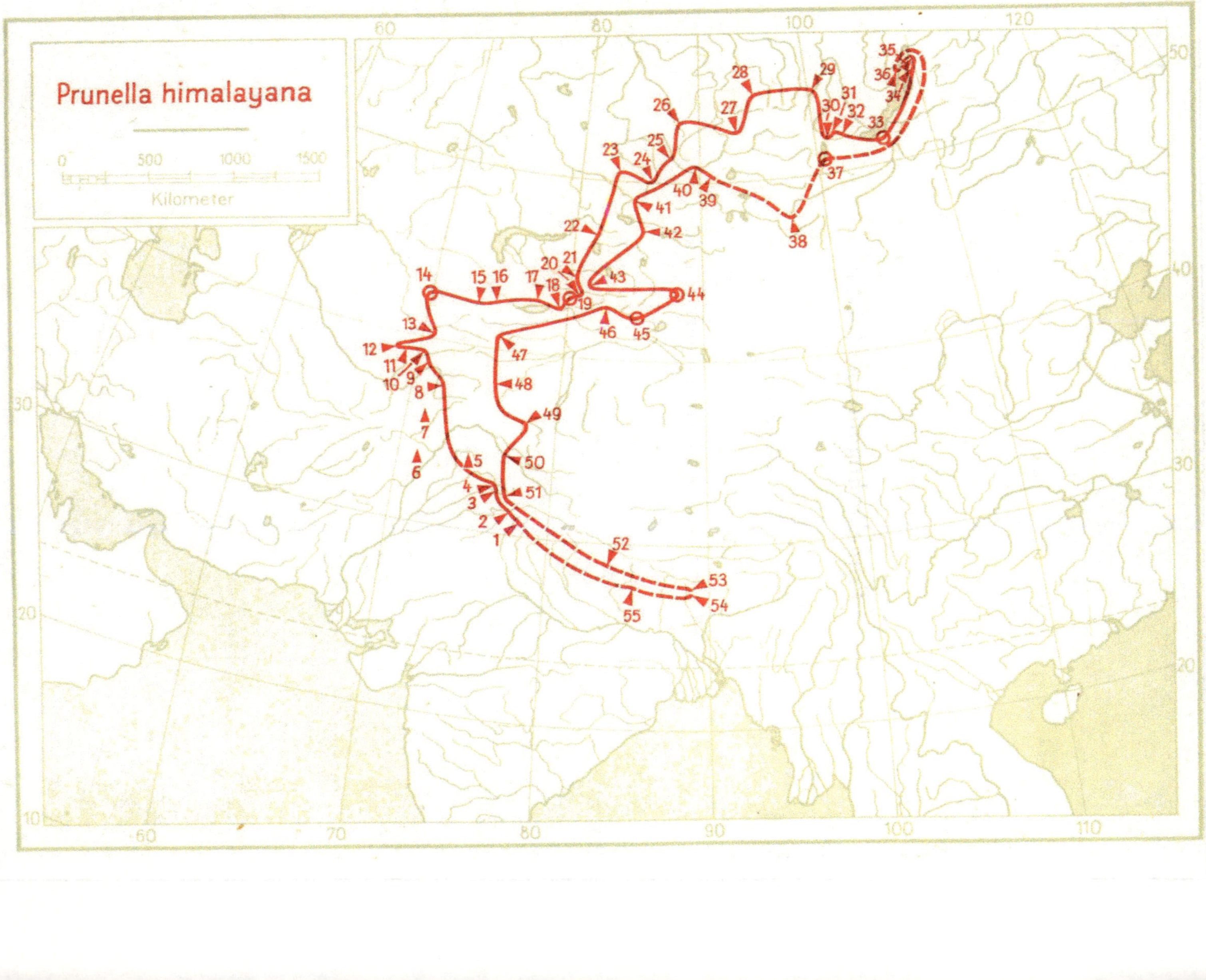

Prunella himalayana
0 500 1000 1500
Kilometer

FUNDORTLISTE

Nr.	Fundort		Quelle
1.	N Mussoorie	A	SHARPE 1883
2.	Simla (XI.)		SHARPE 1883
–	Kufri, Fagoo (XI.)		WHISTLER 1920
o	Banjar (30. XII., 4. I.)		MARIEN 1951
–	Kothegur (Winter)		v. PELZELN 1868
3.	Dharmsala	B	HINGSTON 1920
4.	Chumba (= Chamba)	A	MARSHALL 1884
5.	Apherwat (W Srinagar)	Aa	MEINERTZHAGEN 1927
6.	Samara (30 Meilen W Kohat; III., IV.)	A	WHITEHEAD 1909
7.	Munjan-Paß	AJ	MARIEN 1951
8.	Oberlauf d. Schach-darja	N	MEKLENBURCEW 1936
9.	Sagry-Dascht (= Chobu-Rabat-Paß)	A	BIANCHI 1886
10.	Zach-ob-Paß	B	IVANOV 1940
11.	Anzob-Paß	A	POPOW 1959; Coll. Zool. Inst. Leningrad (PORTENKO brfl. 1966)
12.	See Iskander-kul (IV.)	A	DAL 1941
13.	Fluß Isfara (zw. d. Flüssen Kschemysch u. Tschitschak)	As	IVANOV 1940
14.	Naturschutzgebiet Aksu-Dshabagly	Nc	KOWSCHARJ 1964
15.	Aral-Tjube	Ac	PORTENKO 1961
–	Sandyk (Quelle Merke)	Ac	PORTENKO 1961
16.	Fluß Adytschen (l. Nebenfl. d. Ala Artscha)	As	KUZNECOW 1962
17.	Großer Alma-Ata-See (Anf. IX.)	s	MAUERSBERGER unveröffentl.
18.	Paß Kuelu (= Kjujlu)	A	SCHNITNIKOW 1949; PORTENKO brfl. 1966
–	Myntur-Paß	J	SCHNITNIKOW 1949; Coll. Zool. Inst. Leningrad (PORTENKO brfl. 1966)
19.	Ketmenj-Gebirge	As	KOBELOW 1956
20.	Koldshat-Paß	A	SCHNITNIKOW 1949
21.	Bas-Tschitschkan	Ac	ZARUDNYJ u. KOREJEW 1906
22.	Tarbagataj-Gebirge	Bs	CHACHLOW 1928
23.	Tscheremschanka (Iwanow-Gebirge)	Jc	KUZJMINA 1953
24.	Multa-See	A	NIKOLSKIJ 1883
25.	Altyn-tu-Gebirge (Telecker See)	AJ	SUSHKIN 1938
26.	Mustag-(= Pustag-) Gebirge	Js	ZALESSKIJ 1930
27.	Aradanskij-Paß	N	SUSCHKIN 1914
–	Ojskoje-See	A	SUSCHKIN 1914
28.	Kuturtschin-Gebirge	J	TUGARINOW 1913; Coll. Zool. Inst. Leningrad (PORTENKO brfl. 1966)
29.	Jewdokimowo	A	GAGINA brfl. 1966
30.	Oberlauf des Irkut b. Mondy	J	GAGINA brfl. 1966
31.	Fluß Eche-gol (Oberlauf d. Kitoj)	As	GAGINA unveröffentl.
32.	„Tunkinskije Alpy“ (= Tunkinsk-Geb.)	As	Coll. Irkutsk. Uniw. (GAGINA brfl. 1966)
33.	Khamardaban (= Chamardaban)	A	TACZANOWSKI 1891
34.	Naturschutzgebiet v. Barguzin	J	SKRIBIN u. FILONOW 1962
–	Fluß Urbikan	J	TUROW 1924
–	Sosnowka	A	GAGINA brfl. 1966
35.	rechtes Ufer d. Tompuda	A	MALYSCHEW 1960
36.	Kap Zaworotnyj	A	GUSEW 1962
37.	Fluß Chaschim (Chubsugul)	A	Coll. Zool. Inst. Leningrad (PORTENKO brfl. 1966)
38.	Otkhon (= Otchon)-tengri (Tarbagatai)	Bc	KOZLOVA 1933; Coll. Zool. Mus. Berlin
39.	Bajrim (= Barmen)-Paß	N	SUSHKIN 1938
40.	Dshulu-Kul	J	FOLITAREK u. DEMENTJEW 1938
41.	Sary-tau (Kurtschum-Gebirge)	Aa	POLJAKOW 1912
42.	Saur-Gebirge	J	Coll. Zool. Inst. Leningrad (PORTENKO brfl. 1966)
43.	Boro-Choro-Gebirge (N Kuldjsha)	A	SEWERCOW 1879
44.	Bogdo-Ula	A	PLESKE 1892
45.	Berge am Juldus-Fluß	A	PLESKE 1889
46.	Oberlauf des Köksu	A	LUDLOW u. KINNEAR 1933
47.	See Tschatyr-Kul	Aa	KYDYRALIJEW 1965
48.	Dsham-bulak	A	SUDILOWSKAJA 1936
49.	Balakchi (Suget-Paß; 17. X.)	A	SHARPE 1891
–	Shahidulla	A	LUDLOW u. KINNEAR 1933
50.	Mya	A	OBERHOLSER 1900
51.	Nandukital (Kulu; 31. X.)	A	MARIEN 1951
–	Karshu Tharch (8. XII.)		WHISTLER 1927
52.	Jomosom (XII.)		RAND u. FLEMING 1957
53.	Yamthang (5. XII.)	s	MEINERTZHAGEN 1927
–	zw. Lachung u. Chungthang (18. I.)		ALI 1962
54.	Yatung	N	ALI 1962
–	Gnatong (III.)	A	ALI 1962
–	Karponang (III.)	Aa	STEVENS 1925
55.	Gandak-Kosi-Wasserscheide (III.)	Ac	PROUD 1952

LITERATUR

ALI 1962 — Birds Sikkim. Madras. 300.
BIANCHI 1886 — Mélang. biol. Bull. Acad. Sci. St.-Pétersb. 12, 632.
BIDDULPH 1880 — Stray Feathers 9, 338.
CHACHLOW 1928 — Izw. Tomsk. Uniw. 81, 63; 77.
DAL 1941 — Trudy Usbek. Uniw., n. S. 21/8, Biol., 129.
FOLITAREK u. DEMENTJEW 1938 — Trav. réserve état Altai 1, 43.
GUSEW 1962 — Ornitologija 5, 159.
HINGSTON 1920 — J. Bombay Nat. Hist. Soc. 27, 563.
IVANOV 1940 — Ois. Tadjikistan. Moscou-Leningrad. 270.
IWANOW 1969 — Pticy Pamiro-Alaja. Leningrad. 318.
JANUSCHEWITSCH et al. 1960 — Pticy Kirgizii. Frunze. 2, 246.
JONES 1919 — J. Bombay Nat. Hist. Soc. 26, 609.
KOBELOW 1956 — Trudy Inst. zool. Akad. nauk Kazach. SSR 6, 144.
KOWSCHARJ 1964 — Trudy Inst. zool. Akad. nauk Kazach. SSR 24, 137.
KOZLOVA 1933 — Ibis (13) 3, 325.
KOZLOWA 1966 — Zool. Sh. 45, 706–716.
KUZJMINA 1953 — Trudy Inst. zool. Akad. nauk Kazach. SSR 2, 100.
KUZNECOW 1962 — Ornitologija 5, 239.
KYDYRALIJEW 1965 — Ornitologija 7, 200.
LUDLOW u. KINNEAR 1933 — Ibis (13) 3, 464.
MALYSCHEW 1960 — Trudy probl. temat. soweschtsch. Zool. Inst. Akad. Nauk 9, 88.
MARIEN 1951 — Amer. Mus. Novit. 1482, 5.
MARSHALL 1884 — Ibis (5) 2, 418.

Meinertzhagen 1927 — Ibis (12) 3, 595.
Meklenburcew 1936 — Acta Univ. Asiae Med. 8, Zool. 22, 35.
Meklenburcew 1954 — Pticy Sow. Sojuza. Moskwa. 6, 657.
Nikolskij 1883 — Trav. Soc. Nat. St.-Pétersb. 14, 191.
Oberholser 1900 — Smithson. Inst. United States Nat. Mus. 1195, 221.
v. Pelzeln 1868 — J. Orn. 16, 29.
Pleske 1888 — Aves Przewalskianae. St.-Pétersb. 2, 142.
Pleske 1892 — Bull. Acad. Sci. St.-Pétersb. 13, 292.
Poljakow 1912 — Ausflug Saissan-nor u. Marka-kul. Moskwa. 147.
Popow 1959 — Trudy Gissaro-Karategina. Stalinabad. 112.
Portenko 1961 — Trudy Inst. Zool. Akad. nauk Kazach. SSR 15, 126.
Proud 1952 — J. Bombay Nat. Hist. Soc. 50, 364.
Rand u. Fleming 1957 — Fieldiana: Zool. 41/1, 182.
Schnitnikow 1949 — Pticy Semiretschja. Moskwa-Leningr. 567.
Scully 1881 — Stray Feathers 10, 24.
Sewercow 1879 — Zap. Turkest. otd. Jestest. antrop., etnogr. 1/1, 219.
Sharpe 1883 — Catalog Birds. London. 7, 661.
Sharpe 1891 — Second Yarkand Mission. Aves. London. 98.
Skribin u. Filonow 1962 — Trudy Barguz. zapow. 4, 186.
Stevens 1925 — J. Bombay Nat. Hist. Soc. 30, 365.
Sudilowskaja 1936 — Birds Kashgaria. Moskwa-Leningr. 58.
Suschkin 1914 — Mat. Fauna Flora Ross. 13, 354.
Sushkin 1938 — Birds Soviet Altai. Moscou-Leningr. 2, 222.
Taczanowski 1891 — Faune Orn. Sib. Orient. St.-Pétersb. 1, 224.
Tugarinow 1913 — Mess. Orn. 2, 87.
Turow 1924 — Bull. Inst. ped. Caucase Nord 2, 25.
Whistler 1920 — J. Bombay Nat. Hist. Soc. 27, 101.
Whistler 1926 — Ibis (12) 2, 561.
Whistler 1927 — J. Bombay Nat. Hist. Soc. 31, 468.
Whitehead 1909 — Ibis (9) 3, 225.
Zalesskij 1930 — Trudy Ob. izutsch. Sibiri 5, 43.
Zarudnyj u. Korejew 1906 — Mat. Fauna Flora Ross. 7, 228.

Briefliche Auskünfte erteilten: Ali (Nord-Assam), Gagina (Sowjetunion).

Prunella himalayana (Blyth)

Steinbraunelle

Verwandtschaft und Gliederung

Der nächste Verwandte ist *P. collaris* (s. dort).

Die große Ausdehnung und die oekologisch begründete Diskontinuität des Areals wie auch das (bisher bekannte) Zugverhalten haben nicht zu konstanten Unterschieden zwischen den Populationen, auch nicht klinaler Art, geführt; *P. himalayana* ist monotypisch.

Zur Verbreitung

Diese Art ist in geologisch jungen asiatischen Hochgebirgssystemen endemisch und offensichtlich autochthon. Über die Verbreitungsgeschichte hat sich Kozlova (1966) geäußert. Ihre Hypothese, die nach Zeichnungsmerkmalen zu urteilen der Ahnform ähnlichere *himalayana* habe ihren Ausgang nach westwärtiger Ausbreitung des gemeinsamen Vorfahren vom Himalaya und vom Hindukusch aus genommen, wogegen *collaris* in der Urheimat von „*Laiscopus*", in China, entstanden sein soll, scheint uns durch die heutigen Arealbilder nicht gestützt zu werden. Die Gleichförmigkeit der weitverbreiteten Art deutet gegenüber der reichen Gliederung von *P. collaris* auf geringes Alter hin. Gleichzeitig aber sind die beiden Arten heute weithin sympatrisch; ihre oekologischen Unterschiede sind nicht genügend erforscht. All das behindert Betrachtungen über die Artgeschichte. Am wahrscheinlichsten ist *himalayana* aus einer ehemaligen Randform von *collaris* herzuleiten, deren Heimat freilich im Dunkeln liegt. Die rezente Sympatrie — mit vier Unterarten von *collaris*, nämlich *nipalensis*, *whymperi*, *rufilata* und *erythropygia* — deutet auf eine rasche (zum Teil gegenläufige) Ausbreitung nach der Speciation hin, wobei *himalayana* vielleicht von den Hochgebirgen im zentralen Teil des jetzigen Areals (Altai bis Tianschan) ausging. Diesen Raum hat *collaris* offenkundig von zwei Seiten her und dabei unvollständig besiedelt. Umgekehrt gilt das für das Himalaya-System, in das *himalayana* dem Anschein nach vor vergleichsweise kurzer Zeit südöstlich und östlich vorgestoßen ist. Die Verbreitung dort, für deren Darstellung auch Wintervorkommen herangezogen werden mußten (s. die Fundortliste), enthält größere Lücken als nach dem Grad der Erforschung zu erwarten wäre. Das schwer zugängliche Gelände, das *himalayana* als Bruthabitat wählt, erschwert allerdings die Erfassung der Brutvorkommen. Im Himalaya-Gebiet sind mit Sicherheit noch nicht alle Nistplätze entdeckt worden (s. a. Kap.„Wanderungen"); in Tibet und auch anderwärts in Zentralasien mag das auf der Karte gezeichnete Bild noch der Korrektur bedürfen.

Spezialkarten der Verbreitung bei Kozlova 1966 und Schnitnikow 1949 (Semiretschje).

Oekologie

P. himalayana stellt an ihre Umwelt sehr ähnliche Ansprüche wie *P. collaris*. Die Unterschiede, die ihnen die Sympatrie gestatten — nach vorherrschender Anschauung können Arten mit identischen oekologischen Nischen nicht nebeneinander leben —, sind noch nicht erkannt worden. Beide bewohnen oft die gleichen Habitate, doch scheint die Häufigkeit gewöhnlich (im Norden meist zugunsten von *himalayana*) unausgewogen zu sein, was für interspezifische Konkurrenz spricht. Diese Konkurrenz ist aber zumindest dort eingeschränkt, wo die Zonen der Höhenverbreitung einander nicht decken und wo *himalayana* zur Nahrungssuche auf andere Plätze (etwa steinige Hangwiesen) ausweichen kann, während *collaris* auf die kargsten Stellen angewiesen ist. Im Transili-Alatau fand STEGMANN (1954) *himalayana* von 3000 m an bis etwa 3600 m, *collaris* aber erst oberhalb von 3500 m.

Die Brutplätze liegen oberhalb der Baumgrenze in der subalpinen und vor allem in der alpinen Zone. Ebene wie geneigte Flächen mit Geröll, Felsblöcken oder anstehendem Fels, durchsetzt mit kurzgrasigen Flächen und oft bestanden mit einigen niedrigen Sträuchern (*Juniperus*, *Rhododendron* u. ä.), selbst in der Nähe von Schneefeldern und Gletschereis, wo nur noch spärlich Pflanzen wachsen, zieht die Steinbraunelle anderen Lebensstätten bei weitem vor. Kahle Felsmassive und steile Geröllhänge meidet sie gewöhnlich fast ebenso wie ausgedehnte steinfreie Matten oder geschlossene Flächen von Kriechwacholder. In den ostkirgisischen Gebirgen besiedelt *himalayana* nach KYDYRALIJEW (1965) in geringer Zahl auch niedriger gelegene Hänge mit (im Juli 40 bis 50 cm) hohem Graswuchs und einzelnen *Caragana*- und *Salix*-Sträuchern; solchem Gelände bleibt *collaris* anscheinend fern. Auch hier aber scheinen große Felstrümmer oder anstehendes Gestein erforderlich zu sein; diese Erhöhungen dienen (beiden Arten) als Sitzwarten mit freierem Ausblick und als Singplätze, sie bieten Deckung vor Feinden und Schutz vor heftigem Wind, und in ihrem Windschatten finden sich mehr Insekten und angewehte Sämereien. Die winterlich nach Starenart umherstreifenden Schwärme sollen sich auch, ganz gegen die sonstige Gewohnheit, auf Bäumen niederlassen (ALI 1962).

Die Verbreitung in der Vertikalen wird unten von der Grenze der alpinen, in manchen Gebieten der subalpinen Region, oben von den Gletscherrändern oder den Gipfelhöhen bestimmt. Als begrenzende Höhen werden angegeben 1900 und 3000 m für den Altai (SUSHKIN 1938), 2700 und 3700 m für den Tianschan (SCHNITNIKOW 1949, KYDYRALIJEW 1965), 2800 und über 4000 m für das Pamir-Alaj-System (IWANOW 1969). Für den östlichen Himalaya nennt ALI (1962) Bruten in 4300 m Höhe; sehr wahrscheinlich lebt *himalayana* in diesem Gebirge in noch höheren Lagen.

Die wenigen bisher gefundenen Nester waren an Stellen gebaut worden, wie sie auch *collaris* auswählt: im Schutze eines niedrigen Strauches, in Spalten unter oder zwischen Steinen, manchmal auch unter einer lockeren Erdscholle. Die frühesten Gelege sind (vgl. KYDYRALIJEW l. c.) in den sowjetischen Hochgebirgen, unabhängig von der geographischen Breite (aber bei etwa gleicher Klimahöhenzone), in der ersten oder zweiten Junidekade vollständig; flügge Junge wurden überall ab Mitte Juli, seltener zu Anfang des Monats beobachtet (SUSHKIN 1938, SCHNITNIKOW 1949, JANUSCHEWITSCH et al. 1960, KYDYRALIJEW 1965, MEKLENBURCEW 1954, IWANOW 1969). Für Südost-Tibet gibt ALI (1962) Bruten zu Anfang Mai und Anfang Juli an. Hier mögen normale zweite Gelege vorkommen; in nördlicheren Gebieten werden (nach MEKLENBURCEW 1954) zuweilen noch Mitte oder gar Ende August eben flugfähige Jungvögel angetroffen, die aber wohl aus späten oder Ersatzbruten stammen.

Die Mauser alter wie junger Vögel vollzieht sich gewöhnlich im August; je nach dem Bruttermin sind manche im ersten Monatsdrittel schon fast fertig vermausert, während andere den Federwechsel eben erst beginnen.

Wanderungen

Über den jahreszeitlichen Ortswechsel von *himalayana* sind wir noch sehr wenig unterrichtet, doch weisen die bisherigen Angaben auf ganz ähnliches Zugverhalten wie bei *P. collaris* hin; Ringfunde wurden noch nicht erbracht.

Nach der Mauser, meist ab Ende August, rotten sich die Steinbraunellen zu kleinen oder bis etwa 50 Vögel zählenden Schwärmen zusammen, wobei sie nur gelegentlich die Gesellschaft anderer Gebirgsvögel (so *Leucosticte brandti* und *Carduelis flavirostris*; IWANOW 1969) suchen. Wenigstens in den südlichen Arealteilen verbringen viele den Winter in großen Höhen; aus Sikkim meldet ALI (1962) Vorkommen zwischen 2400 (ausnahmsweise etwas tiefer) und 3800 m. Im West-Himalaya fand WHISTLER (1926) die Art winters nur oberhalb von 1500 m, und HINGSTON (1920) bezeichnet sie gar als Standvogel in großen Höhen. Andererseits geben mehrere Autoren abwärts gerichtete Bewegungen an, so PELZELN (1869) für Kothegur, MARSHALL (1884) für Süd-Kaschmir und WHITEHEAD (1909) für Samara. Im Pamir-Alaj treten diese Braunellen auch in den mittleren Lagen auf, doch nie in den Niederungen; mindestens im Oktober sind sie noch in den Höhen anzutreffen (IWANOW 1969). Wo die Brutvögel des sowjetischen Tianschan den Winter über bleiben, wurde noch nicht festgestellt. Aus den kirgisischen Gebirgen verschwindet *himalayana* Ende September (KYDYRALIJEW 1965), und im Semiretschje wurde sie im Winter nach SCHNITNIKOW (1949) niemals gefunden (späteste Beobachtung am 9. IX.). Ebenso unbekannt blieb der Winteraufenthalt der Brutvögel des sowjetischen Altai; SUSHKIN (1938) kennt nur Septemberdaten, und zwar aus den hohen Lagen.

Über welche Strecken die Wanderungen in der Horizontalen führen, läßt sich vorerst nicht erkennen, besonders da in der Kenntnis der Brutverbreitung noch merkliche Lücken klaffen und somit die wahre Entfernung zum nächsten Brutplatz nicht abschätzbar ist; überdies behaftet die vergleichsweise sehr geringe Dichte des Beobachternetzes alle Schlüsse mit Unsicherheiten. Die erwähnten Angaben aus den sowjetischen Gebirgen könnten als Hinweis auf größere Entfernungen gedeutet werden, vielleicht auch Feststellungen aus dem Himalaya. In den Simla-Bergen kommen im November große Schwärme an (JONES 1919); als nächstgelegenen Brutplatz kennen wir Dharmsala (P. 3), also rund 150 km entfernt. Zumindest in strengen Wintern kommen Steinbraunellen nach Gilgit (BIDDULPH 1880, SCULLY 1881); aus weitem Umkreis liegen keine Brutmeldungen vor.

An den genannten Überwinterungsplätzen erscheinen die Steinbraunellen im November oder Dezember; den Rückweg treten sie im März bis Mitte April an (WHITEHEAD 1909, JONES 1919, WHISTLER 1926). Im Pamir-Alaj-System treffen kleine Scharen ab Anfang April an den Brutplätzen ein, lösen sich aber erst im Mai oder Anfang Juni in Paare auf (IWANOW 1969). Im kirgisischen Tianschan rücken sie Mitte Mai in die erst teilweise schneefreien Reviere ein (KYDYRALIJEW 1965).

G. M.

IV

1974

Prunella modularis (L.)

bearbeitet von

G. MAUERSBERGER, L. A. PORTENKO und J. STÜBS

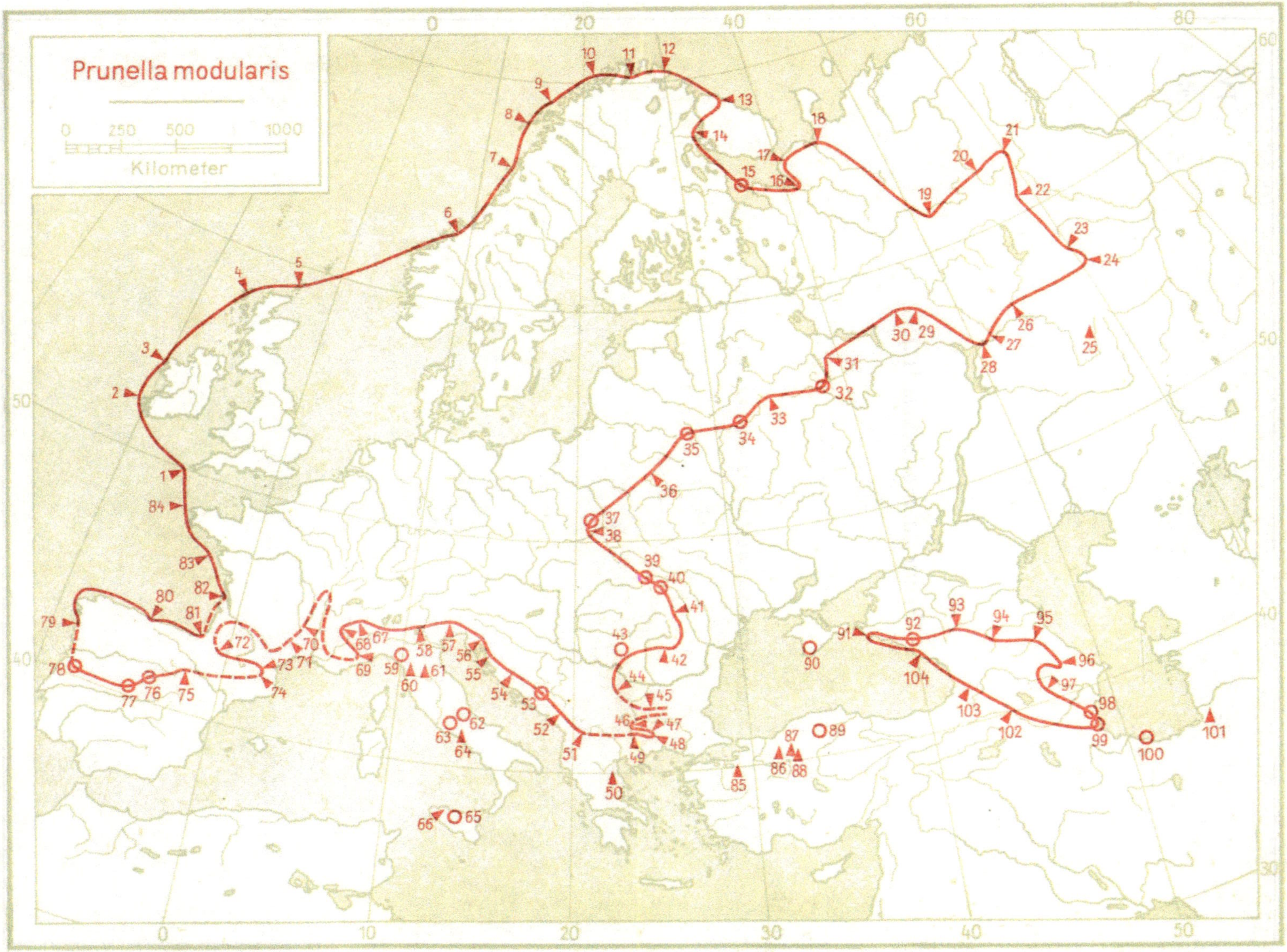

Prunella modularis
0 250 500 1000
Kilometer

FUNDORTLISTE

1.	St. Agnes (Scilly-Inseln)	B	Parsons brfl. 1962
2.	Insel Tearaght	N	Kennedy et al. 1954
3.	Insel Achill	B	Kennedy et al. 1954
4.	Stornoway	Ac	Baxter u. Rintoul 1953
5.	Insel Rousay	As	Lack 1943
6.	Surendal	Ba	Chaworth Musters 1927
7.	Insel Dönna	N	Holgersen brfl. 1963
8.	Vestvågöy	A	Holgersen brfl. 1963
9.	Bleik	Aa	Orians 1957
10.	Insel Loppa	A	Holgersen brfl. 1963
11.	Börselv	N	Holgersen brfl. 1963
12.	Vesterelv	As	Watson 1957
—	Jakobselv	N	Schaanning 1908
13.	Woronja-Tal	As	Kischtschinskij 1960
14.	Berg Elnjun (See Tschunozero)	As	Wladimirskaja 1948
15.	Soloweckij-Inseln	A	Parowschtschikow brfl. 1963
16.	Archangelsk	As	Seebohm 1882
17.	Zolotica-Tal	Bs	Spangenberg u. Leonowitsch 1960
18.	Sjomsha	As	Spangenberg u. Leonowitsch 1960
19.	Syktywkar	As	Andrejew u. Bianchi 1910
20.	Ustj-Ilytsch (20. IX.) ↓	As	Dmochowskij 1933
21.	Manj-Njays (= Njajs-Manja; 6. IX.)	Js	Portenko 1937
22.	Oberlauf der Wischera	J	Rezcow 1904
23.	Nishnij Tagil	As	Sabanejew 1874
24.	Swerdlowsk (= Jekaterinburg)	Ns	Sabanejew 1874
25.	Jamantau	Ja	Snigirewskij 1947
—	Iremel	B	Snigirewskij 1947
26.	Sarapul	Bsa	Uschkow 1927
27.	Mamadysch	Bs	Ruzskij 1893
28.	Tschistopol	Bs	Ruzskij 1893
29.	Pishma	Bs	Woroncow 1935
30.	Troickoje (Wetluga)	Bs	Woroncow 1935
31.	Pereslawl-Zalesskij	Bs	Ptuschenko u. Gladkow 1933
32.	Gebiet von Moskau	B	Ptuschenko u. Inozemcew 1968
33.	Tesowo	J	Ognjow 1911
—	Kreis Wjazjma	As	Grawe 1926
34.	Gouv. Smolensk	Bs	Stantschinskij 1924
35.	Bezirk Begoml	B	Dolbik 1959
36.	Tuchowitschi (Bytenj) ↓	Na	v. Zedlitz 1921
37.	Góry Swiętokrzyskie	Nc	Sokołowski 1958, Pomarnacki 1962
38.	Stopnica	Ns	Katin 1912
39.	Sowjetische Karpaten	Jc	Strautman 1954
40.	Bukowina	Bc	Klitin 1959
41.	Ardele (Piatra Neamț)	N	v. Dombrowski 1912
42.	Bucegi-Gebirge	Nc	Brehme 1962
43.	Retyezát	Nc	Congreve 1935
44.	Midžor	As	Reiser 1939
—	Bratkova Strana (NE Pirot)	As	Matvejev 1950
45.	Klisura	As	Mauersberger u. Stübs unveröffentl.
46.	Muss-Alla	Ac	v. Boetticher 1919
47.	Persenk	Ac	Reiser 1894
48.	Smoljan	Aa	Mauersberger u. Stübs unveröffentl.
49.	Banderitza-Tal (Wichren)	Ja	Rensch 1934, Balát 1962
50.	Olymp	Na	Peus 1957
51.	Mawrowa	Ac	Fehringer 1922

52.	Darman (NE Podgorica = Titograd)	Ac	v. Führer 1901
53.	Zelena Gora	A	Reiser 1939
54.	Klečarski vrhovi (Dinarische Alpen)	A	Fernbach 1963
55.	Krasno	N	v. Wettstein 1928
56.	Risnjak	Bc	Rucner 1949
57.	Monte Cavallo	As	Vallon 1905
58.	Monte Baldo	Bc	Arrigoni degli Oddi 1899
59.	oberes Parma-Tal	A	Tornielli 1958
—	Paß Lagastrello (Paß Cerreto)	B	Trettau brfl. 1964
60.	Monte Cimone	A a	Mauersberger 1971
—	Appennin N Pistoja	J	Giglioli 1890
61.	Castel del Rio	Bs	Zangheri 1936
—	Gebirg. Teil d. Prov. Ravenna	B	Brandolini 1961
62.	Gran Sasso d'Italia	Nc	Di Carlo 1964
63.	Monti Simbruini	Ba	Alexander 1927
—	Val di Teve (NE Velino)	Aa	Rossi 1947
64.	Camosciara	As	Stresemann 1957
—	Monte Amaro	As	Vaughan 1953
65.	Le Madonie	Bsa	Krampitz 1956, 1958
66.	Villabate ↓	As	Orlando 1937
67.	Gran Paradiso	Jc	Moltoni 1960
68.	Lautaret	Aa	Stübs 1961
69.	Monesi (Mendatica)	Ac	Thiede 1964
—	Fontanalba	A	Ferry u. Hortigue 1962
70.	Gerbier de Jonc	As	Meylan 1933
—	Mt. Mézenc	As	Meylan 1933
o	Mt. Lozère	As	Meylan 1933
71.	l'Aigoual ↓	As	Meylan 1933
o	Montagne de l'Espinouse	Bc	Affre 1963
72.	les Eaux-Bonnes	Aa	Saunders 1884
73.	Forêt des Fanges (Axat)	Ac	Mayaud 1933
74.	Ribas de Fresser	A	Saunders 1897
75.	Sierra del Moncayo	A	v. Boxberger 1921
76.	Sierra de Guadarrama	Bc	Witherby 1928, Bernis 1955
—	Sierra de Somosierra	A	Bernis brfl. 1961
77.	Sierra de Gredos	Jc	Witherby 1928, Bernis 1955
78.	Serra da Estrella	Ac	Tait 1924
79.	Vigo	Ac	Ticehurst u. Whistler 1928
o	Arosa Bay	N	Ticehurst u. Whistler 1928
80.	Unquera	B	Bernis brfl. 1961
81.	Irun	B	Bernis brfl. 1961
82.	Soulac	Aa	Steinbacher 1944
83.	Ile d'Yeu	Bc	Mayaud 1934
o	Belle Ile	Aa	Kowalski 1957
84.	Ushant (= Ouessant)	Nc	Meinertzhagen 1948
85.	Ulu-Dağ	Bc	Watson 1961, Kumerloeve 1964
86.	Bolu (25. IV.)	A	Kumerloeve 1964
—	Abant Gölü (25. IV.)	A	Kumerloeve 1964
87.	Gerede (25. IV.)	A	Kumerloeve 1964
88.	Kizilcahamam (25. IV.) ↓	A	Kumerloeve 1964
89.	Ilgaz-Dağ	Bc	Kummerlöwe u. Niethammer 1935
90.	Gebirge der Krim	AJc	Puzanow 1930; Mauersberger 1971
91.	Nawagir-Gebirge	Aa	Puzanow 1938
92.	Kaukasus-Naturschutzgebiet	Bc	Awerin u. Nasimowitsch 1938
93.	Dshinal-Gebirge	Aa	Lorenz 1887
—	Kislowodsk	Bc	Lorenz 1887

o	Zmejskaja	Nc	Boehme 1926
94.	Ordshonikidze (= Wladikawkaz)	A	Coll. Zool. Mus. Moskau
95.	Paß Schascherek (37 km SW Bujnaksk)	A	Boehme 1933
96.	Lasa (Kutkaschen)	A	Gambarow 1954
97.	Murow-Dağ	A	Satunin 1914
98.	Talysch-Berge	B	Gambarow 1941
99.	Bogrow-Dağ	A	Coll. Zool. Inst. Leningrad (Portenko brfl. 1963)
100.	Pish Kuh	Ac	Stresemann 1928
–	Rudbarek	As	Norton 1958
–	Tschalusstraße	As	Schüz 1957
101.	Dimalu (Gurgan) ↓	J	Marien 1951
102.	Aralych	A	Satunin 1912
103.	Arsijan	Jc	Nesterow 1911
–	Paß Chanli	A	Wilkonskij 1897
104.	Gagra	As	Launitz 1912

Anmerkungen

Zu P. 20:

Die Lage an der Nordgrenze rechtfertigt die Aufnahme von Funden nach der Brutzeit. Dieser Punkt wird gestützt durch das Vorkommen (mit Nestfund) bei Jakscha an der Petschora, ca. 75 km südlicher (Teplowa 1957).

Zu P. 36:

Einige Funde, die zur Brutzeit südlich der angenommenen Grenze gemacht wurden (z. B. am 25. V. bei Stolin; Dolbik 1959), scheinen auf einen anderen Grenzverlauf hinzudeuten.

Zu P. 66:

Ob *modularis* hier brütet, ist ungewiß; Krampitz (1958) fand die Art in den Madonie (P. 65) erst oberhalb 1100 m als Brutvogel.

Zu P. 71:

Die Grenze in Frankreich wurde nach dem Vorbild der Karte von Spitz (1963) eingezeichnet.

Zu P. 88:

Danfords (1878) Angabe für den Kilikischen Taurus („resident") ist unbelegt, da sich Danford nur bis zum 18. IV. im Gebiet aufhielt. Kumerloeve (brfl. 1961) sah die Heckenbraunelle in Südanatolien niemals.

Zu P. 101:

Ein Männchen vom 22. VII. aus Dimalu (leg. Koelz), das G. Mauersberger vorlag, mauserte gerade das Großgefieder, war also wohl dort ansässig.

LITERATUR

Abs 1961 — Orn. Mitt. 13, 188.
Affre 1963 — L'Oiseau 33, 256.
Alexander 1927 — Ibis (12) 3, 676.
Andrejew u. Bianchi 1910 — Ann. Mus. Zool. St.-Pétersb. 15, 250.
Arrigoni degli Oddi 1899 — Atti Soc. Ital. Sci. Nat. 38, 30.
Awerin u. Nasimowitsch 1938 — Trans. Caucas. State Reserve 1, 29.
Balát 1962 — Acta Acad. Sci. Čechoslov. Bas. Brunensis 34, 471.
Baxter u. Rintoul 1953 — Birds Scotland. Edinburgh-London. 1, 222.
Bernis 1955 — Acta XI. Congr. Int. Orn. 1954. Basel. 420.
Boehme 1926 — Bull. Inst. Explor. Caucase Nord 1, 220.
Boehme 1933 — Nachr. 2. nordkaukas. päd. Inst. 130.
v. Boetticher 1919 — J. Orn. 67, 256.
v. Boxberger 1921 — Orn. Mschr. 46, 72.
Brandolini 1961 — Cat. coll. uccelli Raven. Faenza. 83.
Brehme 1962 — Wiss. Z. Univ. Greifswald 11, math.-nat. Reihe Nr. 1/2, 46.
Bub 1971 — Beitr. Vogelk. 17, 204.
Chaworth Musters 1927 — Norsk orn. Tidsskr. 3, 29.
Congreve 1935 — Ibis (13) 5, 573.
Curry-Lindahl 1963 — Våra fåglar Norden. Stockholm. 4, 1949.
Di Carlo 1964 — Riv. Ital. Orn. 34, 184.
Dmochowskij 1933 — Bull. Soc. Nat. Moscou 42, 232.
Dolbik 1959 — Pticy Belorussk. Polesja. Minsk. 236.
v. Dombrowski 1912 — Ornis Romaniae. Bukarest. 206.
Dorka u. Senk 1968 — Vogelwarte 24, 277–278.
Fehringer 1922 — J. Orn. 70, 312.
Fernbach 1963 — Larus 15, 211.
Ferry u. Hortigue 1962 — L'Oiseau 32, 154.
v. Führer 1901 — Orn. Jb. 12, 18.
Gambarow 1941 — Kat. ptic Azerb. Passeriformes. Baku. 87.
Gambarow 1954 — Trudy Inst. Zool. Akad. nauk Azerb. SSR 17, 99.
Giglioli 1890 — Primo resoc. orn. Ital. Firenze. 2, 464.
Glutz von Blotzheim 1962 — Brutvögel Schweiz. Aarau. 418–420.
Grawe 1926 — Trudy Ob. izutsch. prir. Smolensk. kraja 3, 57.
von Haartman 1969 — Com. Biol. Soc. Sci. Fenn. 32, 130.
Heim de Balsac u. Mayaud 1962 — Oiseaux Nord-Ouest Afrique. Paris. 271.
Helmstaedt 1961 — J. Orn. 102, 313.
Heyder 1952 — Vögel Sachsen. Leipzig. 229.
Holgersen 1961 — Sterna 4, 331.
Holgersen 1962 — Sterna 5, 120.
Holgersen 1967 — Sterna 7, 327.
Hudson 1971 — Brit. Birds 64, 499.
Inozemcew 1963 — Ornitologija 6, 101.
Kalbe 1966 — Beitr. Tierwelt Mark 3, 153–158.
Katin 1912 — Mess. orn. 3, 230.
Kennedy et al. 1954 — Birds Ireland. Edinburgh-London. 374.
Kischtschinskij 1960 — Trudy Kandalak. zapow. 2, 195.
Klíma 1959 — Sylvia 16, 27.
Klitin 1959 — Shiw. mir Sow. Bukowiny. Tschernowcy. 127.
Kowalski 1957 — Alauda 25, 221.
Kozlowa 1966 — Zool. Sh. 45.
Krampitz 1956 — J. Orn. 97, 323.
Krampitz 1958 — J. Orn. 99, 52.
Kumerloeve 1964 — Rev. Fac. Sci. Univ. Istanbul, ser. B 27, 202.
Kummerlöwe u. Niethammer 1935 — J. Orn. 83, 40.
Lack 1943 — Ibis 85, 6.
Laister u. Sosnin 1942 — Ornis Armeniaca. Erewan. 375.
Launitz 1912 — Orn. et Avicult. 3/3–4, 23.
Lorenz 1887 — Beitr. Kenntn. orn. Fauna Nordseite Kaukasus. Moskau. 33.
Marien 1951 — Amer. Mus. Novit. 1482, 15.
Matvejev 1950 — Ornithogeogr. Serbica. Beograd. 213.
Mauersberger 1971 — J. Orn. 112, 483.
Mauersberger 1974 — Falke 21
Mayaud 1933 — Alauda 5, 483.
Mayaud 1934 — Alauda 6, 541.

Meinertzhagen 1930 Nicoll's Birds Egypt. London. 301.
Meinertzhagen 1948 Ibis 90, 561.
Meklenburcew 1954 Pticy Sow. Sojuza. Moskwa. 6, 626.
Meylan 1933 Arch. suisses Orn. 1, 104.
Moltoni 1960 Riv. Ital. Orn. 30, 108.
Moore u. Boswell 1957 Iraq nat. Hist. Mus. Publ. 12, 217.
Mulsow 1968 Abh. Nat. wiss. Ver. Hamburg 12, 145; 161; 176.
Nesterow 1911 Mitt. Kaukas. Mus. 5, 140.
Niethammer 1937 Handb. dtsch. Vogelk. Leipzig. 429.
Niethammer 1971 J. Orn. 112, 207.
Nitecki 1969 Notatki Orn. 10, 1–8.
Nordström 1961 Mem. Soc. Fauna Flora Fenn. 36, 32–106.
Nordström 1963 Mem. Soc. Fauna Flora Fenn. 39, 4–128.
Norton 1958 Ibis 100, 186.
Ognjow 1911 Mess. orn. 2, 131.
Orians 1957 Sterna 2, 134.
Orlando 1937 Riv. Ital. Orn. 7, 222.
Paludan 1938 J. Orn. 86, 619.
Pesenti 1949 Riv. Ital. Orn. 19, 25.
Peus 1957 Mitt. Zool. Mus. Berlin 33, 275.
Pomarnacki 1962 Notatki ornitol. 3, 42.
Portenko 1937 Bird Fauna North Urals. Moskwa-Leningr. 157.
Ptuschenko u. Inozemcew 1968 Pticy Moskowsk. Obl. Moskwa. 358–362.
Ptuschenko u. Gladkow 1933 Bull. Soc. Nat. Moscou 42, 204.
Puzanow 1930 Zap. krymsk. Ob. Jest. prir. 12, 32.
Puzanow 1938 Trudy Gruzin. Akad. nauk. Zool. 2, 143.
Raschek 1965 Ornitologija 7, 486–487.
Reiser 1894 Ornis Balcan. Wien. 2, 57.
Reiser 1939 Ornis Balcan. Wien. 1, 60.
Rensch 1934 Orn. Mber. 42, 6.
Rezcow 1904 Mat. Fauna Flora Ross. 6, 218.
Rossi 1947 Riv. Ital. Orn. 17, 115.
Rucner 1949 Larus 3, 157.
Ruzskij 1893 Trudy Ob. Jest. Kazan. Uniw. 25, 272.
Sabanejew 1874 Pozwon. Sredn. Urala. Moskwa. 81.
Satunin 1912 Mess. orn. 3, 5.
Satunin 1914 Orn. et Avicult. 5, 2; 91.
Saunders 1884 Ibis (5) 2, 372.
Saunders 1897 Ibis (7) 3, 79.
Schaanning 1908 Bergens Mus. Åarb. 1907, Nr. 8, 37.
Schildmacher u. Pörner 1972 Jber. Vogelw. Hiddensee 1967, 64.
Schloss 1961 Auspicium 1, 219–231.
Schüz 1957 Orn. Beob. 54, 29.
Seebohm 1882 Ibis (4) 6, 376.
Snigirewskij 1947 Trudy Baschk. zapow. 1, 106.
Sokołowski 1958 Ptaki Ziem Polskich. Warszawa. 1, 177.
Spangenberg u. Leonowitsch 1960 Trudy Kandalak. zapow. 2, 317.
Spencer 1962 Brit. Birds 55, 534.
Stantschinskij 1924 Sborn. Sel.-Choz. Smolensk. gub. Smolensk. 23.
Steinbacher 1944 Ber. Ver. Schles. Orn. 29, 27.
Strautman 1954 Pticy Sow. Karpat. Kiew. 167.
Stresemann 1928 J. Orn. 76, 389.
Stresemann 1957 J. Orn. 98, 16.
Stübs 1961 Beitr. Vogelk. 7, 236.
Tait 1924 Birds Portugal. High Holborn. 109.
Teplowa 1957 Trudy Petsch.-Ilytsch. zapow. 6, 104.
Thiede 1964 Vogelwelt 85, 135.
Ticehurst 1926 J. Bombay Nat. Hist. Soc. 31, 14.
Ticehurst u. Whistler 1928 Ibis (12) 4, 678.
Tornielli 1958 Ric. Zool. Appl. Caccia 28, 23.
Uschkow 1927 Bull. Soc. Nat. Moscou 36, 90.
Vallon 1905 Avicula 9, 21; 43.
Vaughan 1953 Riv. Ital. Orn. 23, 140.
Watson 1957 Sterna 2, 90.
Watson 1961 Postilla 52, 8.
v. Wettstein 1928 Ann. Nat.-Hist. Mus. Wien. 42, 29.
Wilkonskij 1897 Mat. Fauna Flora Ross. 3, 109.
Witherby 1928 Ibis (12) 4, 616.
Witherby et al. 1965 Handb. Brit. Birds. London. 2, 209–212.
Wladimirskaja 1948 Trudy Lapland. zapow. 3, 241.
Woroncow 1935 Zap. Gorjk. Uniw. 1, 262.
Zangheri 1936 Riv. Ital. Orn. 6, 11.
v. Zedlitz 1921 J. Orn. 69, 344.

Briefliche Auskünfte erteilten: Bernis (Spanien), Bub, Holgersen (Norwegen), Niethammer (Italien), Parowschtschikow, Portenko (Sowjetunion), Parsons (Großbritannien).

Prunella modularis (L.)

Heckenbraunelle

Verwandtschaft und Gliederung

Innerhalb der recht einheitlichen Gattung bilden *modularis*, *immaculata* und *rubida* eine durch gemeinsame Grundzüge des Farbmusters gekennzeichnete Abstammungsgruppe, deren mutmaßliches Ursprungsgebiet die spättertiären Montanwälder der südöstlichen Palaearktis waren. Aus dem westlichen Zweig ging *P. modularis* hervor, aus dem östlichen dagegen, also vor langer Zeit und damit relativ unabhängig, *P. rubida*; eine im Zentrum des Areals der Ausgangsform (vermutlich im Raum von Osthimalaya und Südwestchina) verbliebene Restpopulation wurde zu *P. immaculata* (Kozlova 1966 und Mauersberger 1971).

Die geographische Variation ist im Ganzen geringfügig und teilweise klinal. Die sehr dunkle und besonders kräftig gestreifte Unterart *hebridium* Meinertzhagen kommt auf den Hebriden, in Teilen Westschottlands und in Irland vor; die Brutvögel dieser Insel sind nur ganz wenig heller unterseits und rötlicher auf dem Rücken („*hibernicus* Meinertzhagen"). Im übrigen Schottland und in England brüten Heckenbraunellen, die deutlich blasser und weniger gestreift sind als *hebridium* und den Namen *occidentalis* (Hartert) tragen. Die westfranzösischen Brutvögel leiten zur Nominatform über, die den größten Teil Europas bewohnt und unten heller grau ist als alle anderen Unterarten, oberseits aber lebhafter gefärbt als *occidentalis*. Die Populationen der südeuropäischen Gebirge sind deutlich von der Nominatform, untereinander aber nur wenig verschieden; Ausmaß der Variation und Abgrenzung der Formen sind noch ungenügend bekannt. In mehreren Punkten weicht die hier gegebene Darstellung von der sonst befolgten Anordnung Vauries (1959) ab. Südfrankreich und die

Iberische Halbinsel sind die Heimat von *mabbotti* Harper, die düsterer und grauer aussieht als *occidentalis* und *modularis*; die portugiesischen Populationen („*lusitanica* Stresemann") sind etwas dunkler und rötlicher als die pyrenäischen und gehen in Spanien allmählich in die echte *mabbotti* über. Die Brutvögel der Apenninenhalbinsel stehen, soweit bekannt (MAUERSBERGER l. c.), zwischen *mabbotti* und der auf dem Balkan heimischen *meinertzhageni* Harrison und Pateff. Diese Unterart unterscheidet sich von der Nominatform, mit der sie VAURIE synonymisiert, durch dunklere Unterseite und kräftiger gefleckten Rücken. In den Bergwäldern der Krim lebt die unterseits sehr dunkle, auf dem Rücken gegenüber *modularis* grauere *fuscata* Mauersberger. Vom Kaukasus her ist die über Transkaukasien bis zum nördlichen Iran verbreitete *obscura* (Hablizl) auf die Krim gelangt und scheint sich in den mittleren Berglagen mit *fuscata* zu vermischen. Von allen anderen Unterarten läßt sich *obscura* an der durchweg (rötlich) brauneren Tönung, vor allem an den Kopfseiten, und an der schuppigen Zeichnung der braungrauen Brust unterscheiden. Im westlichen Kleinasien schließlich kommt, vielleicht in Türkisch-Armenien durch Übergänge mit *obscura* verbunden, *euxina* Watson vor; sie ähnelt der nur wenig dunkleren *fuscata* von der Krim sehr bis auf das ausgedehntere Weiß am Bauch und die geringere Fleckung an den Flanken und auf der Oberseite.

Zur Verbreitung

Das heutige Verbreitungsbild weist zusammen mit der subspezifischen Gliederung auf eine praeglaziale Einwanderung von Vorderasien her in den kaukasischen Raum, wo *obscura* entstand, und dann in die südeuropäischen (Berg-)Wälder hin; der Norden und der Nordosten Europas wurden offenkundig zuletzt besiedelt (vgl. auch die bevorzugte Wanderrichtung), und in Skandinavien hat sich das Brutgebiet anscheinend noch in diesem Jahrhundert erheblich vergrößert.

Innerhalb des auf der Karte umzogenen Areals klaffen noch Lücken in unserer Kenntnis, auch im Hinblick auf Abgrenzung und Isolation der Unterarten (so im Bereich der den Südalpen vorgelagerten Gebiete in Frankreich, Italien und Jugoslawien; s. MAUERSBERGER l. c.).

Die Heckenbraunelle (und zwar *P. m. occidentalis*; NIETHAMMER 1971) ist vor rund 100 Jahren in Neuseeland eingeführt worden, hat sich dort, wo sie keinen ernsten Konkurrenten antraf, rasch ausgebreitet und darauf auch die umliegenden Inseln besiedelt, im Osten die Chatham-Inseln, im Süden Stewart Island, die Snares-Inseln und Campbell (vgl. MAUERSBERGER 1974).

Spezialkarten der Verbreitung bei KOZLOVA (1966) und, für Neuseeland, bei MAUERSBERGER (1974).

Oekologie

Die Heckenbraunelle ist wie ihre nächsten Verwandten *P. immaculata* und *P. rubida* ein scheuer und wenig auffälliger Bewohner von hohem halbdunklem Busch- und Baumdickicht. Da sie ihrer Nahrung überwiegend am Boden nachgeht, scheinen freie Stellen unter oder doch neben dem Dickicht Bedingung zu sein. Ob hoher Baumbestand gegeben ist, spielt dagegen kaum eine Rolle. Lichten, unterholzarmen Hochwald, zumal von Kiefern, besiedelt sie darum ebensowenig wie Habitate mit geschlossener dichter Krautschicht, die ihr die Futtersuche erschwerte. In weiten Teilen des Areals, besonders in Mittel- und Osteuropa, erfüllen übermannshohe Nadelholzschonungen ihre Ansprüche anscheinend am genauesten. „Sicherlich hat mit der künstlich herbeigeführten Ausbreitung der Fichte eine beträchtliche räumliche Ausweitung des Brutvorkommens stattgefunden, so daß dieses heute auch im Flachland nicht mehr selten ist. Aber auch von Laubgebüsch gebildeten Dickichten fehlt der Vogel nicht völlig, zieht aber Nadelholzdickungen vor" (HEYDER 1952).

Sofern die genannten Bedingungen gegeben sind, bewohnt die Heckenbraunelle recht verschiedenartige Waldformen, wobei sie Nadel- und Mischwäldern deutlich den Vorzug gibt. In der Schweiz lebt sie „am häufigsten in Fichten- und Lärchen-Arvenwäldern, in Legföhrenbeständen und in Tannen-Buchenmischwäldern mit reichlichem Fichtenjungwuchs. Mehr oder weniger sporadisch auch in Eichen-Hagebuchenwäldern, Buchenwäldern und Auenwäldern mit Fichtendickungen oder Föhrenjungwuchs, ausnahmsweise genügt sogar dichtes Gestrüpp. Oft auch auf fichtenbestandenen Bergweiden, in der hohen Zwergstrauchheide und in den subalpinen Erlen- und Weidengebüschen" (GLUTZ VON BLOTZHEIM 1962). In der Hohen Tatra trifft man sie meistens „in der Knieholzzone, besonders da, wo sie mit dem Fichtenwald verzahnt ist" (HELMSTAEDT 1961); ähnlich gilt dies für andere europäische Gebirge, auch für die Abruzzen (STRESEMANN 1957) und den Olymp (PEUS 1957), wo außerdem niedrige Wacholder angenommen werden.

Bei aller Vielseitigkeit trifft diese Braunelle doch eine (von Ort zu Ort verschiedene) Auswahl. So fehlt sie gewöhnlich in ausgedehnten Strecken von Laubgebüsch der Ebenen, zumal auf feuchtem Grund. Im Moskauer Gebiet vermeidet sie die Nähe von Laubholzbezirken (INOZEMCEW 1963). Im sowjetischen Arealteil ist sie nach MEKLENBURCEW (1954) aber auch in Fichten-Erlenwäldern an Bächen und Flüssen getroffen worden (Gebiet von Smolensk). In Schweden und Finnland werden auch Strandgehölze (aus Birken, Erlen und Weiden, an der südlichen Ostseeküste solche aus Sanddorn *Hippophae*) besiedelt, auf den nördlichen Bergrücken Birkenwälder und sogar, wie im Nordural und selten in den Alpen, Weidengebüsch (CURRY-LINDAHL 1963, VON HAARTMAN 1969).

In manchen nördlichen Gegenden hat sich *P. modularis* mit arm erscheinenden Lebensstätten abgefunden. BUB (1971) fand sie auf einer norwegischen Schäreninsel als Brutvogel in fast vegetationslosen Felsgebieten mit nur einzelnen Wacholderbüschen. Ein Teil der schottischen Populationen besiedelt (nach WITHERBY et al. 1965) „niedriges Gestrüpp in offenem Heideland und anderem ziemlich kahlem Gelände, sogar felsige Meeresinseln" (*P. m. occidentalis*) oder auch hohes Heidekraut und Farn (*P. m. hebridium*). Besonders im Westen des Areals ist die Heckenbraunelle vielfach, in Großbritannien ziemlich regelmäßig zu einem Bewohner von Garten- und Parklandschaften geworden, in der Nähe oder auch inmitten von menschlichen Siedlungen, selbst von Großstädten, wo sie zumal in den an Nadelhölzern reichen Friedhöfen brütet. Über die Besiedlung großstädtischer Anlagen in Hamburg vgl. MULSOW (1968).

P. modularis „zeigt eine Vorliebe für kühl gemäßigtes Klima mit verhältnismäßig hohen Niederschlägen" (GLUTZ l. c.). Das mag der Hauptgrund dafür sein, daß sie in den Laubwäldern der unteren Lagen Südeuropas nicht brütet. Ebenso ist es in der trockenen von Eichengebüsch und einzelnen Wacholdern gebildeten Pseudomacchie der submediterranen Hänge Südbulgariens, wo *Sylvia cantillans* Charaktervogel ist.

P. m. obscura lebt in der subalpinen Zone des Kaukasus im dichtesten Gesträuch von Birken, Rhododendron, in geringerem Maße auch von Ahorn und Wacholder, mit üppigem Krautwuchs aus hohen Umbelliferen und ähnlichen Stauden (MEKLENBURCEW 1954); in Armenien findet sie sich auch in den hochgelegenen Buchenwäldern (LAISTER und SOSNIN 1942) und im Elbursgebiet vornehmlich in der „an die obere Waldgrenze sich anschließenden, dichten Dornstrauchzone" und hält sich auch an „Dornsträucher auf großen Waldlichtungen, jedoch stets nahe der Baumgrenze" (STRESEMANN 1928).

Auf den neuseeländischen Inseln ist die Heckenbraunelle in Lebensstätten heimisch geworden, die den angestammten Habitaten in wesentlichen Zügen gleichen, nämlich vorwiegend etwa mannshohes dichtes Gebüsch (besonders von *Leptospermum*) und Unterholz, auch in Buchenwäldern (*Nothofagus*), im Südwinter oft auch in offenerem Buschland und in Gärten; in den Bergen erreicht sie wenigstens 1500 m Höhe und die subalpine Buschregion (vgl. MAUERSBERGER 1974).

Die vertikale Brutverbreitung im Stammareal erstreckt sich vom Meeresniveau, im Süden von 1000 bis 1500 m an bis über die Baumgrenze (dort öfters in Berührung mit *P. collaris*), und zwar in der Hohen Tatra bis gegen 2000 m (KLÍMA 1959), in der Schweiz wenig höher und auch in manchen südlichen Gebirgen kaum über 2400 m, so im Rila (MAUERSBERGER und STÜBS unveröff.), im Kaukasus bis 2600 m (MEKLENBURCEW 1954), selbst in Norwegen jedoch bis etwa 1300 m (CURRY-LINDAHL 1963).

Außerhalb der Brutzeit bleiben viele Heckenbraunellen ihren Habitaten treu, auch wenn sie den Ort wechseln. Andere suchen Plätze auf, die sommers gemieden werden. In manchen Gegenden, so in der Schweiz, erscheinen sie nur im Winter in Siedlungen, wo sie sich auch an Futterbrettern und sogar an Dunghaufen einfinden (GLUTZ l. c.). Gelegentlich sind kleine Gruppen auf samenreichen Unkrautflächen an Ortsrändern oder im freien Feld, auch auf Kartoffeläckern, im Schilf, an Schuttplätzen und (in Schottland) an Feimen und Torfstapeln anzutreffen. Führen die Wanderungen, vertikal oder horizontal, in eine andere Vegetationszone, so halten sich die Braunellen an die am ehesten passenden Habitate, auf einer Insel im Aral-See etwa an die mit Saxaul und Tamarisken bewachsenen Sandhügel (RASCHEK 1965). Die Winterhabitate von *P. m. obscura* ähneln meist den sommerlichen. Es sind Strauchdickichte, namentlich undurchdringliches Brombeergestrüpp, auch dichte Dornhecken und Gartensträucher (MEKLENBURCEW 1954), in den Flußtälern Weidengebüsch und niedriger Strauch- und Krautwuchs zwischen Steinen (LAISTER und SOSNIN 1942).

Das Nest wird, gut versteckt, nicht selten am Boden des dichten Bestandes, meist aber 0,5 bis 1,5 (zuweilen bis 6) m hoch ins Zweigwerk gebaut, oft in bequemer Nähe des Waldrandes, von gelichteten Waldpartien und ähnlichen freieren Plätzen, wo die Nahrung leichter erlangbar ist. Weitaus die meisten Nester scheinen in Fichten gefunden worden zu sein. Abweichende Nistplätze (wie Reisighaufen, Efeu, Kolbenrohr) werden nur sehr selten gemeldet.

In den meisten Arealteilen brüten die Heckenbraunellen zweimal jährlich, gelegentlich auch nördlich des Polarkreises (s. z.B. CURRY-LINDAHL und SWANBERG 1955). Dritte Bruten sind mehrfach beobachtet worden (vgl. DORKA und SENK 1968). Die Gelege der ersten Brut werden ab Mitte April, im Moskauer Gebiet um Mitte Mai (PTUSCHENKO und INOZEMCEW 1968), in Nordskandinavien Anfang bis Mitte Juni begonnen (CURRY-LINDAHL 1963); die der zweiten Brut folgen 5 bis 7 Wochen später. Die Brutzeit erstreckt sich somit bis weit in den Juli, ja bis zum August.

Wanderungen

Zugvogel 2. Grades, Teilzieher, der den Norden und Nordosten des Brutgebietes (Skandinavien und das sowjetische Areal der Nominatform) räumt, dessen Winterverbreitung im Süden aber nur wenig über die Arealgrenze hinausreicht, und zwar bis in die Atlasländer (regelmäßig wohl nur in Tunesien; HEIM DE BALSAC und MAYAUD 1962), Ägypten (MEINERTZHAGEN 1930) und Vorderasien (KUMERLOEVE 1962 und 1969, TICEHURST 1926, MOORE und BOSWELL 1957, PALUDAN 1938). Keines dieser Gebiete scheint größere Mengen von Wanderern aufzunehmen.

Die einzelnen Subspecies unterscheiden sich im Zugverhalten. Die britischen Populationen wandern zwar nur zum geringsten Teil auf das Festland, doch werden südwärtige Bewegungen von Mitte September bis Anfang November und Rückwanderung von Ende März bis Ende Mai gemeldet (WITHERBY et al. 1965); wie groß der Anteil skandinavischer Brutvögel an diesen Bewegungen ist (s. u.), läßt sich kaum entscheiden. Französische und südeuropäische Heckenbraunellen streichen umher und nehmen dabei (wie viele britische) einen Wechsel des Habitats oder, in den südlichen Gebirgen, der Höhenlage vor. *P. m. obscura* sucht meist nur die Täler und Ebenen auf und überschreitet die Grenze des Brutareals auch südwärts nur wenig; manche gelangen bis an das Ostufer des Kaspischen Meeres (MEKLENBURCEW 1954).

Dagegen führen wohl alle Populationen der Nominatform horizontale Wanderungen aus, oft über beträchtliche Strecken, nach Süden wenigstens bis Spanien, Portugal, Sardinien, Italien, auf die Balearen, Griechenland, die Krim und zum Kaukasus. Das Wintergebiet beginnt in der Norddeutschen Ebene (vgl. NIETHAMMER 1937, KUHK 1939, KALBE 1966, MULSOW 1968); einzelne Vögel überwintern schon in Südschweden (CURRY-LINDAHL 1963) und wohl auch in England (HUDSON 1971). In Mitteleuropa bleibt, wie Winterfunde Beringter am Ort (SCHLOSS 1961, ABS 1961) und auch Beobachtungen (z. B. MULSOW 1968) zeigen, ein Teil der Vögel in der Brutheimat, der andere aber wird durch nordische Zuzügler ersetzt, während ein weiterer, wohl kleiner Anteil über geringere Entfernungen und ohne ausgeprägte Richtung umherstreift (zwei Ringmeldungen: 20. IV. Oberbayern 120 km westwärts zum Allgäu 7. V. und von Wangerooge im Februar 65 km ostwärts zur Niederelbe im April; SCHLOSS 1961). Ganz aus dem Rahmen fällt ein Mitte Mai auf Helgoland gefundener Vogel, der seinen Ring Ende April weit im Norden auf der Fair Isle erhalten hatte (SPENCER 1962). Einige Ringfunde belegen winterliche Ortstreue über Jahre hinweg, andere den gelegentlichen Wechsel des Winterquartiers: ein westfälischer und ein oldenburgischer Wintervogel wurden in folgenden Jahren in Frankreich, ein sächsischer im nächsten Herbst in Oberitalien gemeldet (SCHLOSS 1961). Das deutet darauf, daß der Anteil der Fernwanderer in den Populationen von Jahr zu Jahr schwankt.

Die vorherrschende Zugrichtung der Nominatform ist Südwest. Viele Brutvögel Westskandinaviens wandern regelmäßig über Großbritannien, schon von den nordschottischen Inseln an, auch im Frühling (HUDSON 1971). Nach den Ringfunden (SCHLOSS 1961, CURRY-LINDAHL 1963) zu urteilen, verbringen große Teile der Populationen bis Schweden, Mecklenburg und Sachsen im Osten den Winter in Frankreich, wobei Wanderstrecken von 100 bis 1500 km nicht selten bewältigt werden. Manche gelangen bis auf die Iberische Halbinsel: je ein Ringträger aus Halberstadt, Dessau und Württemberg wurde in Spanien, zwei norwegische Brutvögel und zwei Helgoländer Durchzügler wurden nach über 2000 km Weg in Portugal gefunden (SCHLOSS 1961, HOLGERSEN 1961 und 1967). Östlich der genannten Linie heimische Heckenbraunellen halten eine parallele Richtung ein (eine lettische Braunelle wanderte allerdings über 2700 km nach Zentralspanien; Vogelzug 11, p. 55) und erreichen zumindest Norditalien. Hinweise darauf liefern mehrere in Westpolen (Schlesien) Beringte, ein Rossittener und ein oberbayrischer Durchzügler (ibid.); ein finnischer Ringvogel zog bis Sardinien (NORDSTRÖM 1963). Die Alpen werden auf der Wanderung nicht umgangen (GLUTZ 1962). Woher die in Nordwestafrika überwinternden Vögel stammen, ist ungewiß. Die hauptsächlichen Wanderziele der Brutvögel der westlichen Sowjetunion liegen wohl auf der Balkanhalbinsel, die ihrer östlichen Nachbarn im Kaukasus.

Eine Reihe von Wiederfunden belegt den Zug skandinavischer Brutvögel in etwa nord-südlicher Richtung, auch mit leichter östlicher Tendenz (SCHLOSS 1961, NORDSTRÖM 1961, HOLGERSEN 1962, SCHILDMACHER und PÖRNER 1972). Somit müßten sich im Norden Mitteleuropas die Wanderwege nordöstlich und nördlich beheimateter Heckenbraunellen kreuzen; dafür sprechen auch die Unterschiede in der Flügelformel, die in den Durchzugswellen an der polnischen Küste erkennbar werden (NITECKI 1969). Südwärts wandernde Brutvögel gelangen auch an das östliche Kaspi-Ufer und sogar zum Aral-See (mehrere Winterfunde kleiner Gruppen; RASCHEK 1965).

Ab Mitte Juli, meist erst im August, werden alte Vögel in Vollmauser (und Junge in Teilmauser) angetroffen, die bei manchen schon Ende August, bei später beginnenden erst im Oktober abgeschlossen ist. Vom August an geben die Heckenbraunellen ihre engeren Brutgebiete auf. Der Abzug aus den nördlichen Regionen setzt im September ein und ist zumeist im Oktober beendet. In der Moskauer Gegend treten Ende September (nordöstliche) Durchzügler auf, die mit den ansässigen Vögeln ab Anfang Oktober abwandern; einen Monat später haben auch die letzten das Gebiet verlassen (PTUSCHENKO und INOZEMCEW 1968). Auch in Mitteleuropa läuft der Zug zu dieser Zeit ab (NIETHAMMER 1937, GLUTZ 1962). Spätestens Mitte Oktober sind (nach Ringfunden) nordöstliche Wanderer in Oberitalien (vgl. PESENTI 1949) und Frankreich, in der zweiten Novemberhälfte in Spanien und Portugal angelangt. Die Rückwanderung kommt dort vor Mitte März in Gang. In Mitteleuropa treffen die Brutvögel ab Mitte März, in der Ukraine wie im Moskauer Raum ab Ende dieses Monats ein; der Durchzug erstreckt sich in diesen Gebieten bis Ende April. In Skandinavien erscheinen Heckenbraunellen ab Ende März im Süden (Schonen) und ab Anfang Mai im Norden.

Die kaukasischen Populationen verlassen ihre Brutgebiete später (Oktober bis Mitte November) und kehren zwischen Ende März und Ende April dahin zurück.

G. M.

IV

1974

Prunella rubida (Temminck u. Schlegel)

bearbeitet von

J. STÜBS

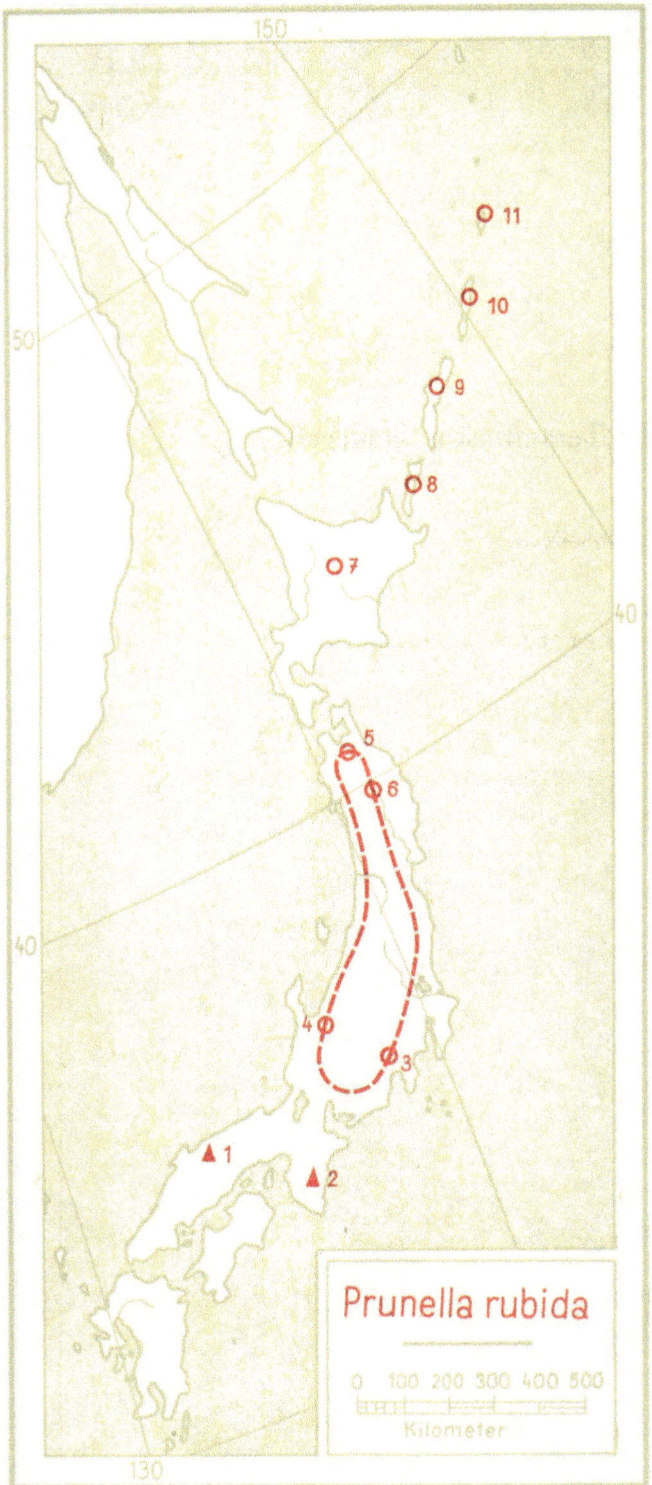

FUNDORTLISTE

Nr.	Fundort		Quelle
1.	Berg Taisen (= Dai sen)	B	Yamashina brfl. 1963
2.	Berg Ômine	B	Yamashina brfl. 1963
3.	Fuji-san	Nc	Jahn 1942
4.	Japanische Alpen	Nc	Jahn 1942, Ishizawa 1961
—	Berg Norikura	J	Stejneger 1894
5.	Hakkoda-Gebirge	Bc	Jahn 1942
6.	Hachimandai-Gebirge	Bc	Jahn 1942
7.	Daisetsuzan-Gebirge ↓	Nc	Yamashina 1935 u. brfl. 1963; Jahn 1942
8.	Kunashiri	N	Yamashina 1931 u. brfl. 1963; Bergman 1935
9.	Yeterofu (= Iturup)	A	Bergman 1935
10.	Urup	J	Bergman 1935
11.	Simuschir	As	Bergman 1935

Anmerkung

Zu P. 7:

Nach Jahn (1942) scheint das Vorkommen dieser Braunelle auf Hokkaido auf das Hochplateau des Daisetsuzan-Gebirges beschränkt zu sein. Er vermißte die Art in ausgedehnten *Pinus pumila*-Wäldern an verschiedenen Einzelbergen (Oakan, Meakan).

LITERATUR

Bergman 1935	Nordostasiat. Vögel. Stockholm. 205.
Gizenko 1955	Pticy Sachalinsk. Obl. Moskwa. 294.
Ishizawa 1961	Tori 16, 359.
Jahn 1942	J. Orn. 90, 193.
Kozlowa 1966	Zool. Sh. 45, 711.
Netschajew 1969	Pticy jushn. kurilsk ostrowow Leningrad. 177.
Stejneger 1894	Proc. United States Nat. Mus. 16, 631.
Yamashina 1931	J. Orn. 79, 510.
Yamashina 1935	Biogeographica-Trans. Biogeogr. Soc. Japan 1, 33; 48.

Briefl[illegible] uskunft erteilte: Yamashina (Japan).

Prunella rubida Temminck und Schlegel

Rötelbraunelle

Verwandtschaft und Gliederung

Trotz der großen Ähnlichkeit mit *P. modularis* muß *P. rubida* als vollgültige Art angesehen werden; der räumliche Abstand beider und vor allem die wahrscheinliche Verbreitungsgeschichte der Artengruppe (s. unter *P. modularis*) weisen deutlich darauf hin.

Die Nominatform ist auf Hondo beschränkt. Hokkaido und die südlichen Kurilen bewohnt die etwas dunklere *P. r. fervida* Sharpe.

Zur Verbreitung

Der Weg, den die Vorfahren dieser Art vom südostpalaearktischen Herkunftsgebiet der Verwandtschaftsgruppe ins rezente Areal nahmen, muß über die chinesischen Gebirge geführt haben. Die Gründe dafür, daß *P. rubida* das Festland nicht (mehr) besiedelt, sind nicht ersichtlich; auch das nahe Sachalin hat sie im Gegensatz zu den Kurilen nicht erreicht. Konkurrenz mit anderen Braunellen kommt in diesen Gebieten nicht in Betracht.

Spezialkarte der Verbreitung bei Kozlova (1966).

Oekologie

Die in den japanischen Gebirgen bewohnten Habitate beschreibt Jahn (1942). „Als Charaktervogel der alpinen Krummholzzone trifft man sie regelmäßig, sobald man im Aufstieg die Waldgrenze erreicht. Sie lebt am Fuji in der *Betula Ermanii* Krummholzzone, in die stets einige krüppelige Koniferen niederer Zonen wie *Abies Veitchii* und *Larix leptolepis* eingestreut sind (*Pinus pumila* fehlt am Fuji), in den Alpen häufig schon dort, wo *Abies Veitchii* in der Nähe der Waldgrenze niederwüchsig wird, vor allem aber überall in den *Pinus pumila*-Dickichten, soweit sie höher als 60 cm wachsen, und zwar in recht erheblicher Siedlungsdichte. . . . Auf dem Hachimandai-Gebirge in Nordhondo traf ich sie in krüppeligem *Abies sachalinensis*-Wald in der Gipfelregion (1600 m).“ Auf den Kurilen wurde sie an Berghängen in Buschstrecken aus *Pinus pumila*, niedrigen Erlen, Kirschen und Bambus beobachtet (Netschajew 1969).

Zu den Zugzeiten traf Netschajew (l. c.) auf Kunaschir ziehende Rötelbraunellen auch in Erlen-Tannen-Wäldern, in ausgedehnten Bambusdickichten, in lianenverhangenen Mischwäldern und Windbrüchen sowie an Steinen der Steilküste. Die Vögel hielten sich am Boden auf, vorzugsweise in Strauch-Kraut-Dickichten und in fast undurchdringlicher Pflanzenwirrnis mit Schlinggewächsen. In Japan findet man „*rubida* im Winter im dichten Unterholz des Hochwaldes“ (Jahn 1942).

In der Höhe reicht die Verbreitung auf den Kurilen bis um 1000 m, auf Hondo von 1500 oder 2000 m aufwärts bis in die Gipfelzone (zuweilen nahe 3000 m), sofern sich an geschützten Stellen Krummholz noch in solchen Höhen hält; dort kommt *rubida* neben *P. collaris* vor.

Nester der Rötelbraunelle wurden „in krüppeligen Koniferen $^1/_2$ bis zwei Meter hoch“ gefunden (Jahn 1942). „Die Brutzeit beginnt am Fuji bereits Anfang Juni, während am Brutplatz noch etwas Schnee liegt“ (ibid.). Jährlich findet nur eine Brut statt. Die Mauser geht anscheinend im August bis in den September hinein vor sich.

Wanderungen

Zugvogel 2. Grades. Die Brutvögel der Kurilen und wohl auch Hokkaidos ziehen südwestwärts in das Areal der Nominatform, die ihrerseits hauptsächlich vertikal wandert und dabei nach kurzen Strecken in der Horizontalen „regelmäßig in den winterwarmen Landesteilen nahe der pazifischen Küste“ erscheint (Jahn l. c.); manche ziehen weiter und gelangen nach Kyushu, gelegentlich auch nach Shikoku und auf die Sieben Inseln von Izu. Abweichungen vom Wanderkurs sind in jenen Gebieten nicht leicht feststellbar, treten aber wohl auch selten auf. Bekannt wurde uns nur ein Herbstfund von Sachalin (1968, Netschajew leg.; Portenko brfl. 1970); vom Festland fehlt jeder Nachweis.

Die Brutgebiete werden ziemlich spät geräumt. Die spätesten Beobachtungen auf den Kurilen liegen Ende Oktober (Iturup) und Mitte November (Kunaschir; hier Zuzug ab Mitte Oktober). „Bei Kobe erscheinen die meisten Vögel Ende November—Anfang Dezember und bleiben in gleicher Häufigkeit bis in die erste Aprilhälfte“ (Jahn 1942). Die Ankunft im Frühjahr wurde auf Kunaschir im letzten Aprildrittel (Netschajew 1969), auf Iturup Anfang Mai verzeichnet (Bergman 1935).

G. M.

IV

1974

Prunella immaculata (Hodgson)

bearbeitet von

E. v. VIETINGHOFF-SCHEEL

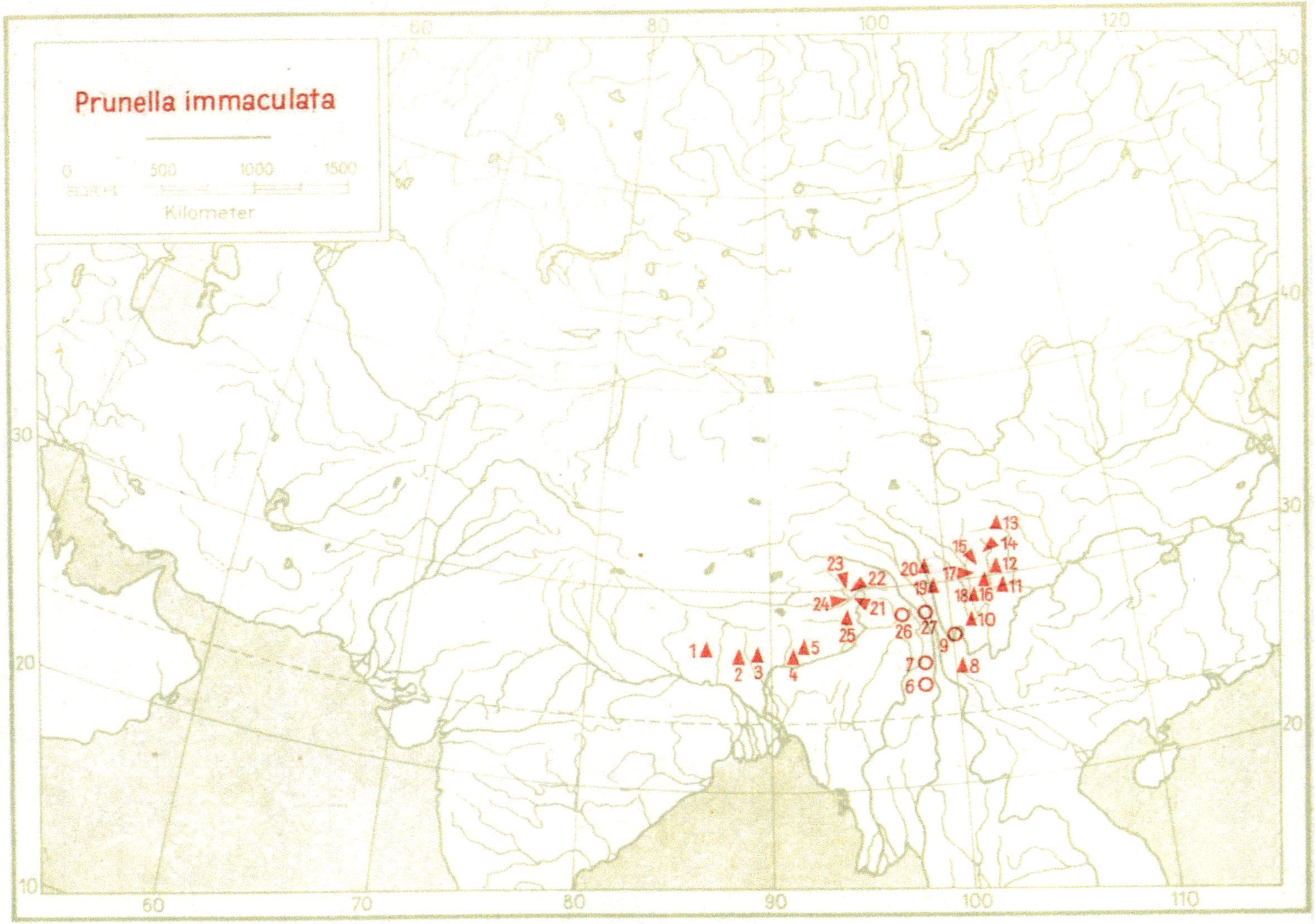
Prunella immaculata
0
500
1000
1500
Kilometer
1
2
3
4
5
6
7
8
9
10
11
12
13
14
15
16
17
18
19
20
21
22
23
24
25
26
27

FUNDORTLISTE

1. Okhaldhunga (XII.)	s	Rand u. Fleming 1957
– Mangalbaré (29. I.–7. II.)		Ripley 1950
2. Darjeeling (20. I.)		Lister 1954
3. Ha	As	Ludlow u. Kinnear 1937
4. Chugkar (II., XI.)		Ludlow 1944
5. Skaden	As	Ludlow u. Kinnear 1937
– Takhto (10. III.)	A	Ludlow 1944
6. Tengyueh District (III.–IX.)	A	Rothschild 1921
7. Pyepat ridge (Myitkina District; XI.–III.)		Stanford u. Ticehurst 1938; Stanford u. Mayr 1941
8. Gyi-dzin-shan (E Talifu; III.)	A	Rothschild 1926
9. Lichiang (= Li-kiang)-Range	A	Rothschild 1921; Riley 1926
10. Ku-lu (17. IV.)	A	Bangs 1932
11. Omei-schan (18. III.)	A	Rensch 1923. Coll. Zool. Mus. Berlin
– Waschan	A	Rensch 1923
12. Moupin (= Moping)	A	David u. Oustalet 1877
13. Sungpan	A	Rensch 1923
14. Kloster Datsong Gomba	J	Stone 1934
15. Kwan-chiai (Gata)	A	Bangs 1932
16. Tatsienlu (= Kangting)	As	Schäfer 1938
17. Hokow (= Yakiang)	As	Schäfer 1938
18. Brüolo-kong-Tal	A	Riley 1931
– Chiu-Lung-hsien (V.)	A	Riley 1931
19. Batang (= Paan)	As	Schäfer 1938
20. Fluß Retschju (11. I.)		Bianchi 1907
21. Tamnyen-La	A	Ludlow 1944
– Tripe	A	Ludlow 1951
– Deyang-La	A	Ludlow 1951
22. Tumbatse	J	Ludlow 1944
23. Penam-Chu	A	Ludlow 1951
24. Tsela-Dzong	A	Ludlow 1944
25. Sur La	A	Ludlow 1944
26. Adung-Tal (22. II.)		Stanford u. Ticehurst 1938; Stanford u. Mayr 1941
27. Mekong-Salwin-Wasserscheide	J	Rothschild 1923

LITERATUR

Ali 1962 — Birds Sikkim. Madras. 301.
Bangs 1932 — Publ. Field Mus. 314, Zool. Ser. 18/11, 359.
Bianchi 1907 — Aves Exped. Kozlowi Mongol., Tibet. orient. St.-Pétersb. 89.
Cheng 1958 — List Chin. Birds. Peking. 2, 126.
David u. Oustalet 1877 — Ois. Chine. Paris. 182.
Kozlowa 1966 — Zool. Sh. 45, 711.
Lister 1954 — J. Bombay Nat. Hist. Soc. 52, 41.
Ludlow 1944 — Ibis 86, 191.
Ludlow 1951 — Ibis 93, 561.
Ludlow u. Kinnear 1937 — Ibis (14) 1, 278.
Marien 1951 — Amer. Mus. Novit. 1482, 21.
Mauersberger 1971 — J. Orn. 112, 446.
Meinertzhagen 1927 — Ibis (12) 3, 595.
Rand u. Fleming 1957 — Fieldiana: Zool. 41/1, 184.
Rensch 1923 — Abh. Mus. Tierk. Völkerk. Dresden 16/2, 51.
Riley 1926 — Proc. Unit. States Nat. Mus. 70/5, 41.
Riley 1931 — Proc. Unit. States Nat. Mus. 80/7, 50.
Ripley 1950 — J. Bombay Nat. Hist. Soc. 49, 387.
Rothschild 1921 — Novit. Zool. 28, 25.
Rothschild 1923 — Novit. Zool. 30, 41.
Rothschild 1926 — Novit. Zool. 33, 249.
Rothschild 1927 — Novit. Zool. 34, 40.
Schäfer 1938 — J. Orn. 86 (Sonderh.), 294.
Smythies 1953 — Birds Burma. Edinburgh-London. 136.
Stanford u. Mayr 1941 — Ibis (14) 5, 230.
Stanford u. Ticehurst 1938 — Ibis (14) 2, 400.
Stevens 1925 — J. Bombay Nat. Hist. Soc. 30, 365.
Stone 1934 — Proc. Acad. Nat. Sci. Philadelphia 85, 203.
Thayer u. Bangs 1912 — Mem. Mus. Comp. Zool. Harvard 40/4, 175.

Briefliche Auskünfte erteilten: Diesselhorst (Nepal), Weigold (Tibet). Überprüfung der Karte durch Weigold.

Prunella immaculata Hodgson

Waldbraunelle

Verwandtschaft und Gliederung

Nahe verwandt mit *P. modularis* (s. dort).

Trotz reicher landschaftlicher Gliederung des besiedelten Gebietes ist keine geographische Variation erkennbar.

Zur Verbreitung

Für die geringe Ausdehnung des Areals im Himalaya nach Westen hin bietet sich keine Erklärung an, zumal im Hinblick auf den verbreitungsgeschichtlichen Zusammenhang mit *P. modularis* (vgl. Mauersberger 1971).

P. immaculata ist ein Vogel, der sich der Beobachtung leicht entzieht. Die Dichte der Brutvorkommen darf darum höher angenommen werden als die Funde widerspiegeln. Da er möglicherweise auch weiter verbreitet ist, haben wir darauf verzichtet, eine Grenze zu ziehen. Die Karte verwertet, wie die Daten der Fundortliste zeigen, auch Feststellungen außerhalb der Brutzeit (vgl. das Kap. „Wanderungen“).

Spezialkarten der Verbreitung bei Marien (1951), Kozlova (1966) und, für China, Cheng (1958).

Oekologie

Die Neigung, im Schutze sicherer Deckung ein heimliches Leben zu führen, zeigt sich bei *immaculata* stärker ausgeprägt als bei irgendeiner anderen in Wald oder Busch lebenden Braunelle. Ihr Reich sind die buschdurchsetzten Hochwälder. Für Tibet gibt SCHÄFER (1938) an: „Der Vogel bewohnt also die dichten Urwaldgebiete, soweit diese mit viel Unterholz durchwuchert sind, in Höhenlagen von 3000 bis 4500 m Höhe. In feuchten, moosüberwucherten Koniferenwaldschluchten, wo viel Geröll und gefallene, vermodernde Fichten oder Tannen ein fast undurchdringliches Gewirr bilden, wo Sickerwasser überall aus dem Boden quillt, kann man damit rechnen, den stillen, scheuen Vogel zu überraschen. Im düsteren Halbdunkel dieser unheimlichen Waldböden, die von Sonnenstrahlen nur selten getroffen werden, huscht der geisterhafte Vogel durch das verfilzte Unterholz von Weiden und Rhododendren." In Sikkim lebt *immaculata* in „Rhododendron- und Nadelwäldern, die mit offenen Grasplätzen und anstehenden Felsen durchsetzt sind" (ALI 1962), doch geht aus dem Text nicht klar hervor, ob es sich um das Bruthabitat handelt. In den nordburmesischen Bergen wurden Waldbraunellen zur Winterszeit auch in ziemlich offener Landschaft angetroffen.

Die Nahrung, die wie bei Braunellen üblich sommersüber vorwiegend aus Insekten, im Winter aus Sämereien besteht, sucht *immaculata* im dichten Gebüsch, das sie gewandt durchschlüpft, und am Boden, oft unter Laub. LUDLOW (1944) sah sie ruhelos in den Wipfeln von Nadelbäumen umherstreifen.

Angaben zur Höhenverbreitung in der Brutzeit liegen von außerhalb Tibets (s. a. LUDLOW 1944) nur wenige vor. In Nord-Szetschuan wurden Waldbraunellen zwischen 4000 und 4800 m (P. 18; RILEY 1931) und, noch weiter nördlich, bei Sungpan (P. 13; RENSCH 1923), zwischen 3000 und 3600 m gefunden.

Über das Brutleben wurde nur wenig bekannt. Nester fand man am Grunde von Büschen am Boden oder wenig darüber. Die Brutzeit beginnt, je nach Höhenlage und Breitengrad, im Mai oder Juni und erstreckt sich bis in den Juli.

Wanderungen

Aus den meisten Brutgebieten werden vertikale Bewegungen gemeldet, die jedoch nicht stets alle Individuen erfassen mögen. Einzelnen Winterfunden in Sikkim bei etwa 3400 m und 3700 m Höhe (MEINERTZHAGEN 1927, ALI 1962) stehen zahlreiche Nachweise in niedrigeren Lagen gegenüber: in Sikkim 2100 bis 2400 m (STEVENS 1925), in Nepal 2300 und 2750 m (RAND und FLEMING 1957, RIPLEY 1950), in Nordost-Burma zwischen 1700 und 2100 m, in Südost-Tibet zwischen 1500 und 2300 m (LUDLOW 1944), am Omeïschan (P. 11) bei 2600 und in Szetschuan bei 1400 bis 1600 m (RENSCH 1923).

Die bisherige Kenntnis der Brutverbreitung erlaubt es nicht, aus Winterfunden fern von bekannten Nistplätzen auf horizontale Wanderungen erwähnenswerten Ausmaßes zu schließen; das mag auch für die Beobachtungen in Nepal und am Omeïschan gelten. Deutlichere Hinweise darauf finden sich nur an vier Stellen. SCHÄFER (1938) schreibt: „Im Winter scheint dieser Vogel in südlichere Waldgebiete abzuwandern, da er nicht wie *P. strophiata*, *P. fulvescens* und *P. rubeculoides* in die tiefen Täler hinabkommt", was auch LUDLOW (1951) für Südost-Tibet bestätigt, und SMYTHIES (1953; s. a. die Punkte 7 und 26) kennt *immaculata* in Nordost-Burma nur im Winter; ROTHSCHILD (1927) nennt zwei Funde vom Januar und Februar aus Yunnanfu (= Kunmin), also gegen 300 km südöstlich von P. 8.

Wann die kleinen Gruppen, zu denen sich diese Braunellen nach der Brutzeit — oder nach der vielleicht im August vollzogenen Mauser — vereinigen, zu wandern beginnen, blieb unbekannt. Im Oktober wurde die Art bei Batang noch in über 3000 m Höhe angetroffen (RENSCH 1923); in Nordost-Burma verweilt sie, spätestens vom November an, nur bis zum März (STANFORD und MAYR 1941, SMYTHIES 1953).

G. M.

Bei Fragen zur Produktsicherheit wenden Sie sich bitte an:
If you have any questions regarding product safety,
please contact:

Walter de Gruyter GmbH
Genthiner Straße 13
10785 Berlin
productsafety@degruyterbrill.com